U0674469

走出内耗心理学

写给内耗型人格的自醒指南

文德一 编著

北京联合出版公司
Beijing United Publishing Co.,Ltd.

图书在版编目（CIP）数据

走出内耗心理学：写给内耗型人格的自醒指南 / 文
德编著 . — 北京 : 北京联合出版公司 , 2025. 2.
ISBN 978-7-5596-8248-2

Ⅰ . B842.6-49

中国国家版本馆 CIP 数据核字第 20252QY056 号

走出内耗心理学：写给内耗型人格的自醒指南

编　　著：文　德
出 品 人：赵红仕
责任编辑：龚　将
封面设计：韩　立
内文排版：吴秀侠

北京联合出版公司出版
（北京市西城区德外大街 83 号楼 9 层　100088）
河北松源印刷有限公司印刷　新华书店经销
字数 170 千字　　720 毫米 × 1020 毫米　1/16　10.5 印张
2025 年 2 月第 1 版　2025 年 2 月第 1 次印刷
ISBN 978-7-5596-8248-2
定价：48.00 元

版权所有，侵权必究

未经书面许可，不得以任何方式转载、复制、翻印本书部分或全部内容。
本书若有质量问题，请与本公司图书销售中心联系调换。电话：（010）58815874

前言

　　生活中你是否经常出现以下这些情况：看起来在正常生活，实际上总陷入自我怀疑；害怕冲突，非常在意他人的看法；把自己当成最大的敌人，不断自我斗争和自我惩罚；大部分时间都在后悔过去、忧虑未来；害怕失败，经常逃避和拖延；经常否定自己，高标准、低自尊地要求自己……如果是这样，你很可能陷入了精神内耗。

　　所谓精神内耗，一般是指心理健康范畴中的消极情绪，包括焦虑、紧张、困惑、后悔、多疑等等，这类人群的情绪总是很容易受外界影响，逐渐失去对自我的掌控力，变成自己和自己斗争，造成心理上的痛苦，感觉"被掏空"。内耗长期存在就会让人感到疲惫。这种疲惫并非身体劳累导致，而是一种心理上的主观感受，是个体在心理方面损耗导致的一种状态。心理学有个词叫反刍，更接近我们说的内耗。反刍最初是一个生物学词，是指动物进食一段时间以后，将在胃中半消化的食物返回嘴里再次咀嚼。心理学中，反刍最早被提出时，是指一个人反复想同一些事情时出现负面情绪，影响到生活状态。近似地，精神内耗是指个体反复想同一些事情时出现负面情绪，进而对日常工作、学习、生活产生负面影响的现象。通俗地讲，就是自己内在的两个小人在打架，内在冲突，心累得很。

不健康的心理就像一枚定时炸弹，如果不及时排除掉，便时时威胁着人们的身心健康。现代医学表明：不良的心理状态是造成身体各种疾病的一个重要原因。如忧郁、紧张等都有可能使人体的心血管系统、呼吸系统、消化系统等发生一系列的病变，从而直接影响人的健康和寿命，而不良的心理状态还是正常细胞向癌细胞转化的催化剂。有资料显示：在当今社会，引起各种疾病的原因中，有相当大一部分与心理因素有关。如果不能及时有效地处理，心理问题还会导致伤害自己或伤害他人的悲剧出现，严重者甚至危害社会。

正所谓"解铃还须系铃人"，"心病还须心药医"。所以，对个人来说，很有必要掌握一些心理健康知识，以便能及时发现自身存在的心理问题和缺陷，"对症下药"，积极调适，把心理问题的危害消除在萌芽状态，避免给自己和他人带来不必要的伤害，为美好的人生打下坚实的基础。本书主要针对时下内耗型人格、讨好型人格、社恐型人格、焦虑型人格、自卑型人格、抑郁型人格、高敏感型人格、完美主义、强迫症、自责症等心理问题，结合实际案例，给出了一些化解方法，旨在让读者降低内心的负面声音、克服精神内耗带来的压制，帮助深受内耗困扰的读者，驱散笼罩在心灵的迷雾，重新收获快乐和幸福。

目录
C o n t e n t s

第三章
别再总是强迫自己，允许自己做自己

第四章
摆脱"认同"上瘾症，从讨好型人格中觉醒

第五章
告别完美型人格，人生不值得与 1% 的缺憾对抗

第六章
想太多是会爆炸的，果断好过优柔寡断

第七章
戒除"玻璃心",培养"钝感力"

第八章
当你陷入持续的猜疑,生活会变成一场"内心戏"

第九章
真正有本事的人，早就戒掉了嫉妒

第一章

比情商低更可怕的，
是内耗型人格

内耗会排斥美好事物

精神内耗通常在以下几种情景中产生：一种是追求的目标脱离实际，看不到现实生活的复杂，由于力不从心而最后失败，内耗油然而生；一种是意志薄弱，遇到挫折就灰心失望，于是就显得精神萎靡；再有一种就是受错误人生观、价值观的影响，认为人生不过如此，"看破红尘"，把信念、抱负抛在一边，整天浑浑噩噩，消极混世，显得异常颓废。不管内耗是在哪种情境下产生，它都会排斥美好的事物，让人觉得生活无趣。

23 岁的赵衰大学毕业后就职于某外资公司，与公司女职员小艺一见钟情。但同居两周后小艺毅然离去，留给赵衰的是一腔的惆怅和烦恼。平素爱说笑的他变得沉默寡言，开始失眠，情绪消沉，一天到晚昏昏沉沉，人变得越来越消瘦，终日兴味索然。他开始怀疑生活的意义，感到自己是这个世界上多余的人。他终日唉声叹气，口口声声"连累了父母，还不如死了的好"。

赵衰是由于恋爱遇到挫折而产生了精神内耗。

内耗与躯体疲劳无关，常由对生活失去信心和希望造成，持续时间相对较长。如长此以往，还会达到"心死"的程度，则不仅会演变为各种心理问题，甚至有可能因厌世而出现自杀的想法。

内耗让人看不到生活的美好，甚至像赵衰那样觉得自己就是一个多余的人。内耗无论是对人的身体还是对人的心理都是一种摧残，因此必须进行调适。下面几种方法有助于克服内耗。

参加锻炼：体育锻炼能使人体产生一系列的化学变化和心理变化，很适合用来调节消极情绪。较适宜的运动项目有慢跑、户外散步、跳舞、游泳、练太极拳等。

改善营养：B族维生素有助于改善情绪，这样的食品有全麦面包、蔬菜、鸡蛋等。

走亲访友：找知心的、明白事理的亲友，向其倾吐心里话。

乐观幻想：有些人遭受了一点挫折，凡事总往坏处想。克服的方法是，宁作乐观的幻想，不作消极的猜度。

奋发工作：一旦潜心事业，把精力集中到工作上，便能使人忘记忧伤和愁苦。

外出旅游：心情烦闷时，看看青山绿水，看看袅袅炊烟，疲劳、苦闷之感顿消。

看电影：消沉时，看个喜剧片，这种移情效应是很明显的。

正是"糟透了"的定义方式影响了我们

生活中，我们不可能不遇到逆境，内耗型人格的人总喜欢把事情想到最坏的一面，稍微遇到一点困难就会说出"太糟糕了"或"糟透了"。

"糟透了"是一种消极的心理暗示，意思是说事情到了无法挽回的地步了，仿佛天马上就要塌了下来。这种思维方式一旦形成，哪怕是一个很小的打击也足以使他绝望，令他一败涂地。

"太好了"和"太糟了"是两种完全不同的心态。面对得失，它们能左右你的心情，决定让你是快乐还是烦恼，是积极挽救还是消极面对。看待事情不同的思维方式直接影响着心情的好坏。

一个老太太有两个女儿，大女儿嫁给了一个卖伞的，二女儿嫁给了一个卖草帽的，她希望两个女儿都可以挣到钱。

于是，每到晴天，老太太就唉声叹气地说："大女婿的雨伞不好卖，大女儿的日子不好过了。"可是一到雨天，她又想起了二女儿："雨天没有人买草帽了，二女儿可怎么过？"这样一来，无论晴天还是雨天，老太太总是不开心。

一天，老太太的邻居看她整日忧愁，感觉非常好笑，便对老太太说："下雨天的时候，你应该想到大女儿的伞好卖多了；晴天的时候，你要想到二女儿的草帽生意不错，这样一想，她们的生意都不错，你不就天天高兴了吗？"

老太太听了邻居的话，从此不再唉声叹气，天天脸上都有了笑容。

面对同一件事，由于心态的不同，得出的结论也就不同，最后获得的快乐更加不同。正如英国作家萨克雷所说："生活就是一面镜子，你笑，它也笑；你哭，它也哭。"

在我们的生活中，每天都有很多事情要发生。而每一件事都有它的正反两面，这样看也许就是快乐，那样看没准儿就是烦恼。如果能及时调整心态，积极乐观地对待每件事，乐观地看待生活中的每件事，遇事往好的方面想，好运便会自然来到。

琳达今年36岁，两年前离了婚，曾经流产两次。她现在对婚姻没有过多的期待，最渴望生小孩，她感到如果自己不能生一个孩子，她的生活就会有很大一部分的缺失，而这种遭受严重损失的感觉让她觉得生活"糟透了"。更糟糕的是，她一直都没能找到合适的对象。所以，她为此郁闷不已。

过了一段时间后，随着她找到合适对象的希望日益渺茫，她变得更加抑郁，遇人就诉说这种处境，而且总会说一句"真是糟透了"。事实上，琳达明白，不能生小孩其实并不能说是糟糕透了，而是因为她总是由此想到以前的不幸经历，加上她想要生小孩的愿望非常强烈，所以如果无法实现这个愿望，就的确称得上是一件"糟透了"的事。

直至有一天，这种"糟透了"的定义方式严重影响到了琳达的工作和生活。她找到一个心理医生咨询。医生设法让她明白，虽然将她遭受损失的情况称为"糟糕"的确会让她很悲伤也很难过，但将其称为"糟透了"就不仅仅会让她感到悲伤难过了，还会让她感到绝望，没有任何解决的办法。"糟透了"这几个字意味着她所遭受的损失让她感到很悲伤，可是这种悲伤本来是不应该存在的。

心理医生还告诉她说："就你的情况而言，各种程度的损失和悲伤当然应该存在。只是你过于强调这种感受，难免会陷入这种被痛苦反复折磨的境地。如果你把这种不幸称为'糟透了'，就会给自己带来抑郁感。这对于你生小孩或得到自己所想要的东西都没有任何好处。"

通过心理医生的疏导，通过自己调整心态，琳达明白了这个道理。当她开始想事情原本没有那么糟糕，内心仿佛就没那么痛苦了，心情就会好得多。

于是，琳达开始不断告诉自己，"情况尽管不理想，但只是糟而已，根本就称不上是糟透了！虽然我的悲伤仍会存在，但我却能解除自己的抑郁感。即使是巨大的悲伤也称不上是'糟透了'"。

后来，琳达逐渐消除了自己的抑郁感，她开始不断尝试，并希望能找到一个合适的伴侣，然后完成自己做母亲的心愿。

"糟透了"这样的字眼暗示了事情到了坏到不能再坏的程度。其实很多事情并没有严重到无法补救的程度。除非你硬要把"坏"定义为"糟透了"，否则，没有什么东西可称得上是"糟透了"的。因此，请不要再随意说"糟透了"之类的消极语言，不要让这种定义方式影响到自己的生活，否则你将终日抑郁。

要知道，生活中总会遇到很多事情。当你得到的时候，要倍加珍惜；

当你失去的时候，也不必懊恼。有时坏事可以变成好事，相反好事也可能变成坏事，就看你用什么心态面对了。

世界接受的是我们对自己的评价

世界只接受我们自己对自己的评价。如果你坚持相信生命是孤苦的，没有人爱你，那么，你的世界很可能真的孤苦和没有人爱——因为你自己躲在阴暗处，太阳自然照不到你。然而，如果你愿意抛弃这种信念，相信"到处充满了爱，人们爱你，你也爱别人"，并坚信这种新的信念，那么你的世界就会变成这样。可爱的人将会走进你的生活，原先就在你生活中的人也会变得更加可爱，你会发现，你更容易向别人表达你对他们的爱。

你有没有这样的经历，你遇到某个人，而且一看就知道，你不喜欢他，因为他长得像曾经伤害过你的人。不管他们做什么，都只是在加强你对他们的错误评价。其实，真正地相处下来，也许当初这个让你一看就烦的人，实际上很可爱。所有对他的评价只是我们内心给自己的结论。烦恼也是如此，真正的烦恼也是自己给自己的。

一位心理学家为了研究人的烦恼的来源，做了一个有趣的实验。他让参加实验的志愿者在周日的晚上把自己对未来一周的忧虑与烦恼写在一张纸上，并署上自己的名字，然后将纸条投入"烦恼箱"。

一周之后，心理学家打开了这个箱子，将所有的"烦恼"还给其所属的主人，并让志愿者们逐一核对自己的烦恼是否真的发生了。结果发现，其中90%的"烦恼"并未真正发生。随后，心理学家让他们把过去一周真正发生过的烦恼记录下来，又投入"烦恼箱"。

三周之后，心理学家再次把箱子打开，让志愿者重新核对自己写下的烦恼，这次，绝大多数人都表示，自己已经不再为三周之前的"烦恼"而烦恼了。

在这个实验中，我们发现：烦恼原来是预想得很多，出现得却很少；自认为沉重到无法负担，转瞬也便如骤雨急停。人生的烦恼大都是自己寻来的，而且大多数人习惯把琐碎的小事放大。

"人有悲欢离合，月有阴晴圆缺"，自然的威力，人生的得失，都没有必要太过计较，太较真了就容易受其影响。人到世间来，不是为苦恼而来的，所以不能天天板着面孔。伤心、烦恼、失意，这样的人生毫无乐趣而言，所以，我们应该为自己的人生塑造一个乐观、积极、进取的心态，快乐地活着。

烦恼会扰乱我们内心的安宁

看待人生的角度不同，解决烦恼的方法也就不同。对于人生的许多问题，我们应该从多个角度去认识，才能看破烦恼的本质。

一个年轻人四处寻找解脱烦恼的秘诀。他见山脚下绿草丛中一个牧童在那里悠闲地吹着笛子，十分逍遥自在。

年轻人便上前询问："你那么快活，难道没有烦恼吗？"

牧童说："骑在牛背上，笛子一吹，什么烦恼也没有了。"

年轻人试了试，烦恼仍在。

于是他只好继续寻找。

他又来到一条小河边，见一老翁正专注地钓鱼，神情怡然，面带喜色。于是便上前问道："你能如此投入地钓鱼，难道心中没有什么烦恼吗？"

老翁笑着说："静下心来钓鱼，什么烦恼都忘记了。"

年轻人试了试，却还是放不下心中的烦恼，静不下心来。

于是他又往前走。他在山洞中遇见一位面带笑容的长者，便又向他讨教解脱烦恼的秘诀。

老年人笑着问道："有谁捆住你没有？"

年轻人答道："没有啊。"

老年人说："既然没人捆住你，又何谈解脱呢？"

年轻人想了想，恍然大悟，原来是被自己设置的心理牢笼束缚住了。

世上本无事，庸人自扰之。萧伯纳说过："痛苦的秘诀在于有闲工夫担心自己是否幸福。"其实很多时候，烦恼都是自找的，要想从烦恼的牢笼中解脱，首先要"心无一物"，放下心中的一切杂念。

有位虔诚的佛教信徒，每天都从自家的花园里采撷鲜花到寺院供佛。一天，当她送花到佛殿时，这座禅院的禅师非常欣喜地对她说道："你每天都这么虔诚地以香花供佛，来世当得庄严相貌的福报。"

信徒非常高兴地回答道："这是应该的。我每次来您这里礼佛时，觉得心灵就像洗涤过似的清凉，但回到家中，心就烦乱了。作为一个家庭主妇，如何在烦嚣的尘世中保持一颗清净纯洁的心呢？"

禅师反问道："你以鲜花献佛，对花草总有一些常识，我现在问你，你如何保持花朵的新鲜呢？"

信徒答道："保持花朵新鲜的方法，莫过于每天换水，并且在换水时把花梗剪去一截，因为这一截花梗已经腐烂，腐烂之后水分不易吸收，花就容易凋谢！"

禅师说："保持一颗清净纯洁的心，其道理也是一样。我们的生活环境就像瓶里的水，我们就是花，唯有不停地净化我们的身心，放下烦恼，才可保持内心的清净。"

信徒听后，作礼感谢道："谢谢禅师的开示，希望以后有机会亲近禅师，过一段寺宇中禅者的生活，享受晨钟暮鼓、菩提梵唱的宁静。"

禅师说："你的呼吸就是梵唱，脉搏跳动就是钟鼓，身体就是寺宇，两耳就是菩提，无处不是宁静，又何必等机会到寺宇中生活呢？"

很多人之所以觉得烦恼缠身，主要是因为自己的心不净。心不净，想要的太多，记挂的太多，烦恼自然生。因此，要想在生活中离烦恼远一点，我们的心不妨净一点，要知道：心净万事净，心平万事平。

消除"不可能主义"

生活中，对内耗型人格的人来说，他们的口头禅永远是"不可能"，这已经成为他们的失败哲学，他们奉行着"不可能"主义，一直走向失败。

古代波斯有位国王，想挑选一名官员担当一个重要的职务。

他把那些智勇双全的官员全都召集来，想试试他们之中究竟谁能胜任。官员们被国王领到一座大门前。面对这座国内最大的、来人中谁也没有见过的大门，国王说："爱卿们，你们都是既聪明又有力气的人。现在你们已经看到，这是我国最大最重的大门，可是一直没有打开过。你们中谁能打开这座大门，帮我解决这个久久没能解决的难题？"

不少官员远远地望了一眼大门，就连连摇头。有几位走近大门看了看，退了回去，没敢去试着开门。另一些官员也都纷纷表示，没有办法开门。这时，有一名官员走到大门下，先仔细观察了一番，又用手四处探摸，用各种方法试探开门。几经试探之后，他抓起一根沉重的铁链子，没怎么用力拉，大门竟然开了！原来，这座看似非常坚牢的大门，并没有真正关上，任何一个人只要仔细察看一下，并有胆量去试一试，比如拉一下看似沉重的铁链，甚至不必用多大力气推一下大门，都可以打得开。如果连摸也不摸、看也不看，自然会对这座貌似坚牢无比的庞然大物感到束手无策了。

国王对打开大门的大臣说："朝廷那重要的职务，就请你担任吧！因为在别人感到无能为力时，你却会想到仔细观察，并有勇气冒险试一试。"他又对众官员说："其实，对于任何貌似难以解决的问题，都需要我们开动脑筋、仔细观察，并有胆量冒一下险，大胆地试一试。"

那些成功的人，如果当初都在一个个"不可能"的面前因恐惧失败而退却，而放弃尝试的机会，他们也将平庸。没有勇敢的尝试，就无从得知事物的深刻内涵，而勇敢做出决断了，即使失败，也由于对实际的痛苦亲身经历而获得宝贵的体验，从而在与命运的对抗中愈发坚强、愈发有力，愈发接近成功。

只要敢于蔑视困难、把问题踩在脚下，最终你会发现：所有的"不可能"，都有可能变为"可能"。

"不可能"只是失败者心中的禁锢，具有积极态度的人，从不将"不可能"当回事。

科尔刚到报社当广告业务员时，经理对他说："你要在一个月内完成20个版面的销售。"

20个版面，一个月内？科尔认为不可能完成，因为他了解到报社最好的业务员一个月最多才销售15个版面。

但是，他又不相信有什么是"不可能"的。他列出一份名单，准备去拜访别人以前招揽不成功的客户。去拜访这些客户前，科尔把自己关在屋里，把名单上的客户的名字念了10遍，然后对自己说："在本月结束之前，你们将向我购买广告版面。"

第一个星期，他一无所获；第二个星期，他和这些"不可能的"客户中的5个达成了交易；第三个星期他又成交了10笔交易；月底，他成功地完成了20个版面的销售。在月度的业务总结会上，经理让科尔与大家分享经验，科尔只说了一句："不要害怕被拒绝，尤其是不要害怕第一次、第十次、第一百次，甚至上千次的拒绝。只有这样，才能将不可能变成可能。"

报社同事给予他最热烈的掌声。

在生活中，我们时常碰到这样的情况：当你准备尽力做成某件看起来很困难的事情时，就会有人走过来告诉你，你不可能完成。其实，"不可能完成"只是别人下的结论，能否完成还要看你自己是否去尝试，是否尽力了。是否去尝试，需要你克服恐惧失败的心理；是否尽力，需要你克服一切障碍，获得力量。以"必须完成"或者"一定能做到"的心态去拼搏奋斗，你一定会做出令人羡慕的成绩。

在积极者的眼中，永远没有"不可能"，取而代之的是"不，可能"。积极者用他们的意志、他们的行动，证明了"不，可能"的"可能性"。

"只要有足够的意志力、足够的头脑和足够的信心，几乎任何事情都可以做到。"不是不可能，只是暂时没有找到方法。不要给自己太多的条条框框，不要总是自我设限，应该将注意力的焦点集中在找方法上，而不是在找借口上。正如一位先辈所说："这世界现在进步得太快了，如果有人说某件事不可能做到，他的话通常很快就会被推翻，因为很可能另一个人已经做到了。在信心和勇气之下，只要我们认为可以做到，就可以以科学的方法推翻'不可能'的神话，我们就可能做成任何我们想做的事情。"

降低"我受不了了主义"的影响

在现实生活中，内耗型人格的人总是喜欢放大自己的不如意。工作中受了一点委屈，朋友误会了自己，只要是自己不喜欢的事情发生，他们往往就会不知所措地抱怨："我受不了了！我没法再忍受下去了！"可实际情况远没有那么糟。

仔细分析一下，你会发现没什么事情让你真的受不了。即使你当时无法接受一些事情，可等自己冷静下来你就会发现，事情并没有糟糕到无法挽回的地步。

张伟大学毕业进入了一个软件开发公司，他本人能力出众，进公司不到半年，就为公司开发出好几种软件。可他与上司的关系并不好，这一度让他的人际关系陷入僵局。

有些工作能力不如他的人很会处理与上司的关系，赢得了上司的青睐。在一次晋升中，张伟本来很有希望升为项目组长，结果却被一个比他进公司晚，能力不如他的同事抢先了。

张伟宁愿坚持自己的原则，也不愿将自己变成一杯水，可以装进任何容器里。他不愿妥协，他觉得自己实在无法忍受主管的很多坏毛病，决定离职。

在准备递辞职信时，他在楼梯间遇见别的部门的主管，他俩仅有数面之缘，他微微一笑，点头致意。这主管看见他手上的辞职信，一脸的惊讶，对他说："如果你另有高就，那恭喜你；如果是为了你们部门的主管，那你可能要考虑一下。你一定要学习如何与不同的人相处，不然你永远都会遇见这种人，然后手足无措。"

张伟听了这番话，突然明白了，其实这件事没有自己想象的那么严重，不是什么大不了的事。如果因为这个而影响了自己的职业发展，就得不偿失了。后来，张伟没有离职，他试着去学习如何与主管相处，他仍然不认同一些与自己原则相悖的事情，但他不反抗。他看见事情好的一面，他和主管之间也从对立变成平行。

也许你真的无法承受某些痛苦的事情，如没能找到一份好工作，或者被你所爱的人拒绝，但你会因此就失去生命吗？不会的。

事实上，在那些你不喜欢的事情中，几乎没有什么事对你来说是性命攸关的。如果你真的面临实实在在的危险，那么你反而不会轻易说："我受不了了！"也就是说，你实际上是能够忍受几乎每一件你所不喜欢的事情的。

"我们在一起5年了，我脾气不好，他一直都谦让我。前几天，我们还商量以后结婚的事情，我们一起商量未来房子的装修设计。我从来没有想过分开，一辈子都忘不了他给我的温暖的感觉。除了他，我没有想过会与另一个男人结婚。

"可是就在昨天我们分手了，现在我生活中的一切都有他的身影，我用的东西都是我们一起买的。我求他，想挽回这段感情，可是他坚定地说：'不可能了。'我问他原因，他说我们总吵架，我们的性格不合。

"他真的就这么残酷吗？我不相信他不爱我了。我太痛苦了。我无法接受这个事实，我们快结婚了，我把这份感情看得那么重，而他却这么无情。我每时每该都能想起他对我的好，太折磨人了，我快受不了了。"

像上面这个女孩所说"受不了失恋的痛苦"，"没法忍受失去我心上人的爱"之类的想法其实是被夸大了的。事实上，无论多么严重的事情发生后，你仍有选择的余地。你不但可以处理它们，而且可以去寻求其他方面的满足感。

让我们主动去降低"受不了了主义"的负面影响吧。走出自我设置的困境，面对现实，坦然接受，相信你可以做得更好。

将抵触感消弭于无形

什么是抵触感？简单地说就是面对一件事情或者是一个人，你在心里会产生厌恶情绪或者是害怕面对的心理。一个人之所以会产生抵触心理，很重要的一个原因是他把他面对的这个事物想象为对自己不利的。人们产生抵触心理，最主要的原因是自己的心理在作怪。明白了这一点，我们就会慢慢消除自己的抵触感。

抵触情绪在日常生活中非常普遍，几乎人人都有抵触情绪，只是程度不同而已。一个小孩在学校受到老师的批评，那么这个小孩就会产生抵触心理，会特别讨厌这个老师，只要一上这个老师的课，自己心里就不高兴。一个成年人在工作中因受到别人对领导恶评的影响，自己心里也认定领导一无是处，于是只要看到这个领导心里就不自在。一个人在做一件事情的时候，一而再，再而三地失败，于是，今后再做类似的事情，这个人心里就会产生很明显的抵触情绪，要么对这似的事情逃避，要么对类似的事情恐惧……但不管是学生对老师的抵触，员工对领导的抵触，还是一个人逃避自己不想做的事情，对一个人的发展来说，都是不利的。抵触感不仅会破坏人与人之间的和谐，还会养成一个人逃避的习惯。因此，我们要想摆脱不利因素对自己成长的羁绊，就必须要消除自己的抵触感。

第一，转移注意力是消除抵触感的有效方法。这个方法特别适用于消除孩子的抵触感。

孩子如果在学校里受了委屈，家长应该给予及时的心理安慰，切忌小题大做，盲目地批评老师。倘若如此，只能加重孩子的抵触情绪。

第二，与你抵触的人多多交流。

对别人产生抵触心理，是一个人人际关系的大敌。产生抵触心理的直接后果就是破坏一个人的好心情，使人产生不愉快的体验。

而以诚挚的心与别人交流，并在交流的过程中多去发现他的优点和长处，你或许会发现，他根本就没有你想象的那么糟糕。

第三，学会换位思考。

在生活中，我们难免与别人发生矛盾，这些矛盾冲突如果不及时消除，就会导致抵触心理，进一步发展就会降低自己的做事效率，甚至激化人与人之间的矛盾。改变这种不利处境的最理智的办法，就是换位思考——试着把自己置于对方的立场去思考、去感受，你就会慢慢发现对方的难处，并在这个过程中改善自己与对方的关系，减轻或避免自己对别人的抵触情绪。

我们都希望别人对自己好，事实上，你想别人怎样对你，你就得先怎么对待别人。不要害怕，敞开你的心胸，主动去沟通，真诚地去了解你身边的人和事，你就会发现那些令你抵触的东西其实也没那么讨厌。

负面情绪会抹杀找回健康的希望

每天都这么奔波忙碌，觉得自己活得像个机器吗？重复的生活让你觉得疲惫，而更糟糕的是你觉得自己不幸福了。小时候因为一颗糖、一根雪糕带来的小幸福已经不复存在了，你觉得自己的幸福感荡然无存，甚至因此而失望和消沉，觉得自己不可能再幸福了。日复一日，这种负面情绪引领着你的思维，你总是否定自己的想法，长此以往，你怎么可能会幸福，怎么可能拥有健康的生活？

如果幸福与否是由我们的思想所决定的，那么赶紧把脑子里那些负面情绪进行彻底的大扫除吧，驱除心中负面的想法，我们才能拥有健康的、充满希望的生活。

我们心中要有一个信念，时刻驱除负面的想法，并下定决心去做，即可达到你的目的。那么究竟如何去做呢？我们不妨来看看这个故事，也许你能从中轻易地发现秘诀。

安森一直在研究有关内心想法与幸福的联系，他认为幸福与否和人的内心想法有着很大关系，可以说这点直接影响到幸福感的存在。

在一次聚会上，安森遇到了一位企业家，这是一位优秀的青年企业家，他的事业风生水起，按理说他是最应该感到幸福的那一类人。可是经过一番交谈，安森发现亮丽光环笼罩下的青年企业家内心竟是如此消沉，听他讲的那些话，愈发觉得他不仅内心消沉而且正朝着毁灭自己的方向前进着。

他的心灵就像一截干枯的树枝，没有一丝生机，仿佛沉寂在一个沉沦的世界中，渴望脱离苦海。这种急欲脱离的情绪反而带动着他往相反的方向前进，物极必反，问题接二连三地出现无情地浇灭了这位青年企业家的希望之火。

耳畔回荡着青年企业家的叹息，安森忍不住告诉他，如果想拥有幸福，也不是那么难的事情，他倒是有一个解决之道。

"你能有什么方法呢？除非你能创造奇迹。"青年企业家疑惑地问道。

"不，虽然我不能创造奇迹，但我可以把你介绍给能够创造奇迹的人。这个人将改变你内心的想法，让你的内心变得积极开朗。更重要的是，这个人能让你感受到什么是真正的幸福。好了，我的话说完了。"安森和青年企业家告别，就此离开了会场。

很显然，青年企业家对安森的话有着强烈的好奇心，于是从那时开始，他就经常主动与安森联系，就这样他们一直持续交往着。有一天，安森送给了青年企业家一本适合放在衣服口袋里的袖珍书，并且告诉他这是一本"魔法书"，能教会他健康和幸福之道，一定要随身携带着，且在一个月之内把书中的建议都一一牢记在心。

青年企业家满脸的不可思议，问道："安森，这本书真的这么神奇吗？它能驱除我心中那些负面的想法，真的能给我带来幸福吗？"

安森神秘地说道："当然可以！只要你能切实按照书上的建议一一照做，那些消极的、有损快乐、有损心灵健康的想法势必会一扫而空，消失殆尽。虽然这些对你来说，似乎有些过于奇妙，但是你照做了就会发现它的确妙不可言。"

青年企业家听了之后，虽然心中满怀疑惑，但仍按照安森的指示一一照做。一个月之后，安森接到了青年企业家的电话，电话那头是又惊喜又激动的声音："安森，这本书真的有魔法，真是不可思议，我已经得到了我想要的，这真是做梦都想不到的事情，只要能改变内心消极的想法，幸福原来触手可及……"

这位曾经内心消沉的青年企业家已经抓住了幸福。有些时候，我们对幸福的理解太泛泛和表面化了，觉得表面的光鲜亮丽、腰缠万贯就是幸福，可幸福是来源于内心的，从青年企业家的故事中我们不难看出，虽然他看上去很风光，可是他并不幸福，因为他的内心消极苦闷。

真正的幸福是来源于心的，即使生活困苦，但仍有一颗积极向上的心，那就会获得积极健康的生活。这种来源于内心中肯定的、积极的想法才是获得幸福的正能量。还是拿那位青年企业家的故事来说，在他学会如何掌握幸福的方法后，即使再次陷入困境、遭遇不幸，他也不会跟随这些消极的情绪继续否定自己，一味地去自责与自怜了，而会全力以赴地去扭转这种困境。

可见我们的思想决定着幸福，思想改变了，世界就不一样了，对幸福的感知也会变得不同。消极和否定只会让事情越来越糟，而不断地积极向上、肯定自己才能获得幸福，这就是幸福的秘诀所在。努力地去驱除心中负面的情绪吧，摒弃失望或消沉的思想，做个彻彻底底积极强大的人。如此一来，你会发现自己的人生轨道是健康而充满希望的。

不要让负面的声音为事情下定论

生活中难免会遇到挫折和不幸，面对逆境，不同的人有不同的态度，有人选择好的心态，用积极乐观的态度发现生活中的乐趣，而有人总是习惯用悲观的眼睛去丈量生活的土地，结果导致美好的事物离自己越来越远。

消极心态是一种严重的心灵疾病，它会排斥成功、快乐和健康。消极的心态导致的结果将是失败、悲观和痛苦。因此，在生活中，为了减少挫折，也为了让我们的生活中多一些美好的事物，我们绝不能让负面的声音为事情下定论。

日常生活中，我们不否认会有一些运气因素存在。然而，那些以消极心态生活的人往往拒绝了降临到自己身上的好运，而拥有积极心态的人则能很好地调整自己的情绪。

怀着消极心态的人不但想到外部世界最坏的一面，而且总是想到自己最坏的一面。他们不敢企求更好的目标，所以往往收获更少。当遇到一个新观念时，他们的反应往往是"这是行不通的，从前根本就没有这么干过"。

生活就像一面镜子，我们从生活中看到的东西常常就是自己心态的映照。假如你的心态是黯淡无光的，那现实生活在你眼中就会是黯淡无光的。假如你的心态是晴空朗朗的，那生活在你的眼里就会是充满阳光的。

如果一个人总是带着怀疑、恐惧、无奈的心情去生活，那无疑是在煎熬自己的生命。反之，一个人倘若能生活在充满喜悦的安详中，他就会发现原来生活是这样美好，他的心情就会一片宁静。

虽然有时候我们常常会因为遇到了困难而痛苦不安，可是苦难不会因为你的痛苦而消失。所以，当我们苦闷的时候不妨尝试着放松心情，暗示自己这是很正常的事情，根本就没有什么大不了。我们也可以适当倾诉，但是不能一直沉浸在不幸的事情中。事实就是这样，人生处处都有希望，只要你想去做，尽力做，就能做得更好。

消极心态不仅影响人们的工作、学习和生活，而且还让人陷入悲观、失败的痛苦甚至绝望之中。因此，我们要想积极乐观地面对工作和生活，就必须要改变消极的生活态度，保持良好的心理状态。具体要注意以下几点：

期望值不宜过高

我们做每一件事情，都会有一定的目的性。因此，我们在确定目标或者是对预期结果进行设想时，要注意不要把期望值定得过高，要把各种不利因素都充分考虑进去，给自己留出一定的余地。这样确定出来的目标，经过自己的一番努力之后，我们就能够实现，并有可能超出，这样我们就能体会到成就感。如果我们把目标定得过高，等待我们的往往是失望。

学会自我调适

人处在逆境中，要注意保持良好的心态。要认识到，事情已经发生了，任何痛苦忧愁都不能改变现实。与其郁郁寡欢，不如努力调适自己，化抱怨为抱负。

比如，我们可以有意识地转移自己的注意力，尽可能多想一些高兴的事，尽可能多想一些让自己放松的事情，自觉地用乐观情绪来冲淡消极情绪，从而取代消极情绪。

学会自觉疏泄

人在感到不高兴时，往往闷头不语，这是非常不好的。尤其是对女性来说，最好不要郁积在心，要主动向亲人、爱人、知心朋友倾诉自己的心里话。这样，一方面，在叙说过程中，一些消极情绪会释放出来，心中有一种舒畅的感觉；另一方面，经别人帮助分析，进行劝慰，可以从原来的思维方式中跳出来，让自己的精神负担得到解脱。

培养乐观开朗的性格

要改变消极情绪，最根本的是要培养自己乐观开朗的性格。在现实生活中我们要豁达洒脱，对生活中的一些挫折，不要看得过重，更不要斤斤计较、耿耿于怀。要学会用生活中那些美好的东西来陶冶自己的情操，使自己感到生活的充实，让自己对生活充满信心。

第二章

毁掉你的不是压力，而是内心的焦虑

改变焦虑型人格，别让焦虑毁了你

焦虑不但解决不了任何问题，反而往往在紧要关头坏事。既然如此，我们不如心平气和地面对一切。

刚刚参加工作的张凡最近一段时间不知道为什么，老是为一些微不足道的小事忧虑，以至于影响了正常的工作和生活。

比如，张凡莫名其妙就对他使用的那支钢笔产生了厌恶之感。一看到那磨得平滑的钢笔尖就心里不舒服，他更讨厌那支钢笔的颜色，乌黑乌黑的。于是张凡决定不用它了。可换了支灰色的钢笔后，张凡依然感觉不舒服。原因是买它时张凡见是个年轻漂亮的女售货员，竟然紧张得冒了一头大汗，张凡认为自己出了丑，自尊心受到了伤害。因此张凡恨不得弄烂它，于是把它扔到楼道里，任人践踏。可是转念一想，这不是白白糟蹋了七八块钱吗，结果又把它给捡了回来。

还有一次，张凡买了一个用来盛饭的小保鲜盒。突然他脑子里冒出一个想法："这是不是聚乙烯的？"张凡记得自己曾看过一篇文章，好像是说聚乙烯的产品是有毒的，不能盛食物。这下张凡的神经又绷紧了：自己买的这个小保鲜盒会不会有毒？毒素逐渐进入我的体内怎么办？张凡万分忧虑，但不用它又不行，何况圆珠笔、钢笔、牙刷等也是塑料制品，天天都沾，如果都有毒，这不是让人活不成了吗？

有一天，张凡又为头上的两个"旋"苦恼起来。他听人说"双顶（旋），双顶，气得爹娘要跳井"。真有这回事吧？要不为什么自己经常惹父母生气呢？可许多有两个旋的人也不像自己这么怪呀！这个念头令张凡终日忧虑不已。

张凡就这样一直在忧虑的旋涡中徘徊、挣扎着……

可怜的张凡在忧虑中不断地折磨自己，他这是一种典型的焦虑心理。

焦虑是一种没有明确原因的、令人不愉快的紧张状态。适度的焦虑可以提高人的警觉度，充分调动身心潜能。但如果焦虑过火，则会妨碍你去应付、处理面前的危机，甚至妨碍你的日常生活。

处于焦虑状态时，人们常常有一种说不出的紧张与恐惧，或难以忍受的不适感，主观感觉多为心悸、心慌、忧虑、沮丧、灰心、自卑，但又无法克服，整日忧心忡忡，似乎感到灾难临头，甚至还担心自己可能会因失去控制而精神错乱。在情绪方面，整天愁眉不展、神色抑郁，似乎有无限的忧伤与哀愁，兴味索然，注意力涣散；在行为方面，常常坐立不安，走来走去，抓耳挠腮，不能安静下来。

心理学研究表明，导致焦虑的原因既有心理因素，又有生理因素，同时，人的认知功能和社会环境也起重要作用。

焦虑是每个人都有的情绪体验，要防止它成为病态，就要寻找各种能舒缓压力的方式。面对焦虑，面对真实的自己，是化解焦虑的最佳良药。让我们一起化焦虑为成长的契机，做个自在、心无挂碍的现代人。

下面就教你几招来化解焦虑：

进行耗氧运动，以振奋精神

焦虑者可通过强耗氧运动，振奋自己的精神，如快步小跑、快速骑自行车、疾走、游泳，等等。通过这些耗氧量很大的运动，加速心搏，促进血液循环，改善身体对氧的利用，让不良情绪与体内的滞留浊气一起排出，从而使自己精力充沛，进而振作起来，心理困扰由此自然就得到了很大的排解。

休闲常听音乐，以改变心境

一个人，不管他的心情多么不好，能听到与自己的心境完全合拍的音乐，多半会感到无比舒畅。以音乐来摆脱心理困扰时，要注意选择适合当时心情的音乐，然后逐步将音乐转换到有利于将自己的心情调整到希望获得的方面来。

选择适宜颜色，以滋养身体

美学家通过研究发现，犹如维生素能滋养身体一样，颜色能滋养心气，而且效果还较明显。要注意选择适宜的颜色，凡是能使心情愉快的鲜明、活泼的颜色以及具有缓和镇静作用的清新颜色都可采用。这样，可使你的心情愉悦，产生滋养心气的效果，并使心理困扰在不知不觉中消释。

做一个三分钟放松运动操，以缓解焦虑

一分钟"抬上身"——缓慢地使身体向下触及地面，双臂保持俯卧撑姿势，然后双手向下推，胸部离开地面，同时抬头看天花板，吸气，然后再呼气，使全身放松。

一分钟"触脚趾"——双手手掌触地，头部向下垂至两膝之间，吸气。保持这个姿势，再抬头挺胸，同时呼气，然后全身放松。

一分钟"伸展脊柱"——身体直立，双腿并拢，在吸气的同时将双臂向上伸直举过头，双掌合拢，向上看，伸展躯干，背部不能弯曲，然后呼气放松。

遵循你的心，去做自己想做的事

每个人都有来自内心的呼唤，我们称之为心灵使命的召唤，它是我们生存的本质和理由，只有那些按照自己内心使命而活着的人，才能找到生命中真正的快乐，体味到生命的真正意义所在。

现实中，并不是所有的人都能跟随心灵的召唤前进，他们或者是因为没有主见，完全按照别人的安排生活；或者是出于无奈，选择了自己不喜欢的生活方式；或者是因为不够自信，当面对心灵使命的召唤时，自己却徘徊不定。

事实上，如果我们能摆脱现实的困扰，倾听自己心灵深处使命的召唤，按照内心的召唤去生活，那么我们比一般人要更容易成功，更容易感受到快乐。因为心灵的召唤不是个人欲望的不断膨胀，也不是外界诱惑下意志的脆弱，更不是无奈环境中的妥协放弃与无条件投降，而是一种坚定的信念，一种不屈的意志，一种个人价值的追求和实现。

迈克尔·戴尔是美国著名的个人电脑制造商。他29岁便成为富豪，但他既不是靠继承遗产，也不是靠中彩，而是靠遵从自己的心，做自己想做的事。

大学期间，戴尔经常听到同学们谈论想买电脑，但由于售价太高，许多人买不起。戴尔心想："经销商的经营成本并不高，为什么要让他们赚那么丰厚的利润？为什么不由制造商直接卖给用户呢？"戴尔知道，万国商业机器公司规定，经销商每月必须提取一定数量的个人电脑，而多数经销商都无法把货全部卖掉。他也知道，如果存货积压太多，经销商会损失很大。于是，他按成本价购得经销商的存货，然后在宿舍里加装配件，改进性能。这些经过改良的电脑十分受欢迎。戴尔见市场的需求巨大，于是在当地刊登广告，以零售价的八五折推出他那些改装过的电脑。不久，许多商业机构、医生诊所和律师事务所都成了他的客户。由于戴尔一边上学一边创业，父亲一直担心他的学习成绩会受到影响。父亲阻止他说："如果你想创业，得等你获得学位之后。"

可是戴尔觉得如果听父亲的话，就是在放弃一个一生难遇的机会。于是，他便坦白地告诉父母："我决定退学，自己开公司。"

父亲有些吃惊："你的梦想到底是什么？"

"和万国商业机器公司竞争。"戴尔说。

和万国商业机器公司竞争？父母又大吃一惊，觉得他太不自量力了。但无论他们怎样劝说，戴尔始终不放弃自己的想法和梦想。父母没办法，只好妥协了。得到父母的允许后，戴尔拿出全部积蓄创办戴尔电脑公司，当时他19岁。

戴尔以每月续约一次的方式租了一个只有一间房的办事处，雇用了一名28岁的经理，负责处理财务和行政工作。在广告方面，他在一只空盒子底上画了戴尔电脑公司第一张广告的草图。朋友按草图重绘后拿到报社去刊登。戴尔仍然专门直销经他改装的万国商业机器公司的个人电脑。第一个月营业额便达到18万美元，第二个月265万美元，仅仅一年，便每月售出个人电脑1000台。积极推行直销、按客户要求装配电脑、提供退款以及对失灵电脑"保证翌日登门维修"的服务举措，为戴尔公司赢得了广阔的市场。后来，戴尔停止出售改装电脑，转为设计、生产和销售自己的电脑。如今，戴尔电脑公司在全球16个国家设有附属公司，每年收入超过20亿美元，有雇员约5500名。戴尔也为自己赚得十分丰厚的个人财产。假如戴尔不是忠于自己的想法，没有在父母的一再劝阻下坚持，显然他是不可能成为当今世界的富豪的。

内心期待什么就能做成什么。我们都可以按照自己的渴望设计人生。如果你始终觉得自己的生活过于悲惨，你渴望构建一个属于自己的人间天堂，那么你每天都告诉自己"我离天堂很近"，渐渐你就会觉得自己真的置身于幸福的天堂了。

法国哲学家巴斯卡曾说："心灵具备某种连理智都无法解释的道理。"不要去听信阻碍你发挥潜力的声音，让你的心灵做主宰，去听听那些会让你编织伟大梦想的声音，然后大胆地跟随梦想前进。让心灵先到达你想去的那个地方，接下来我们要做的，就是跟随心灵的召唤前进了。只要你及时抓住适合自己的梦想，你就绝不会一事无成的。

焦躁不安完全是心灵的空虚所致

空虚是指一个人的精神世界一片空白，没有信仰、没有理想、没有追求、没有寄托，整日百无聊赖且十分不安。其特征有二：一是空虚感；二是不满足与不想动心理，心有渴望却又不知渴望什么。

空虚的人在生活上总是懒散的。无聊感的特点是幻想和机械化，他们常处于被动观望、焦虑不安、希望外援的状态中，虽自知痛苦却又不能自拔。

李林是外贸公司的销售代表，刚过而立之年，按理说他应该是精神抖擞，全力为自己的事业打拼。然而，最近他很烦恼，总是觉得这不是自己想要的生活，但自己究竟想要什么，又说不出来，干什么都提不起精神。

李林的公司主要经营外贸服装，作为销售代表，他经常起早贪黑地寻找客户、发展客户。每当回到家里，他总是觉得自己特别累，躺在床上什么都不想干，尽管第二天早上开会用的资料还没有整理好，尽管今天拜访的客户的资料还没有归档，但他就是提不起精神去做，整个人懒洋洋的。

一天晚上，李林和几个同事一起去一家酒吧喝酒。面对舞台上的狂歌劲舞以及高谈阔论的同事，李林突然失去兴趣，心底无端地浮起了一种低落的情绪，感到非常不舒服。从此每当这种情绪笼罩在李林的心头时，他就觉得自己跟周围好像有一堵无法跨越的墙，感到了无生趣又有种沉沉的失落感。

由于这种情绪已经严重影响了李林的工作及生活，他不得不走进心理医生的办公室。

李林这是精神空虚的表现。因为觉得空虚，他觉得生活无聊，而无聊感又派生出无助感，让他觉得自己孤立无援，内心的苦闷在积累、发展，急需找人倾诉、求助，但搜尽枯肠、翻遍电话号码，却又找不到一个适合的倾诉对象。

精神空虚会导致"生命意义缺乏症"，对个人、家庭及社会的危害不容小觑。

一个人的身体好比一辆汽车，你自己便是这辆汽车的驾驶员。如果你整天空虚无聊，没有理想，没有追求，就会失去方向。那么如何找到驾驶的方向，克服可怕的空虚呢？

读一读感兴趣的书

读书是填补空虚的良方，因为知识是人类经验的结晶，是智慧的源泉。读书可以帮助人们找到解决问题的方法，使人从寂寞和空虚中解脱出来。知识越多，人的心灵就越充实，生活也就越丰富多彩。

转移目标，培养兴趣

当某一个目标受到阻碍难以实现时，不妨进行目标转移，比如从学习或工作以外培养自己的业余爱好（绘画、书法、打球等），当一个人有了新的乐趣之后，就会产生新的追求；有了新的追求，就会逐渐调整生活内容，从空虚的状态中解脱出来，去迎接丰富多彩的新生活。

做好今天最重要

1871 年春天，一个年轻人拿起了一本书，看到了一句对他前途有莫大影响的话。他是蒙特利尔一家医科学校的一名学生，平日对生活充满了忧虑。

这位年轻的医科学生所看见的那一句话，使他成为近代最有名的医学家，他后来成为牛津大学医学院的教授——这是学医的人所能得到的最高荣誉。他还被英国授予为爵士爵位，他的名字叫作威廉·奥斯勒。

威廉·奥斯勒看到那句帮他度过了辉煌一生的话是："最重要的就是不

要去看远方模糊的事，而要做手边清楚的事。"

1911 年，威廉·奥斯勒在耶鲁大学发表了演讲，他对那些学生说，人们传言说他拥有"特殊的头脑"，其实不然，他周围的一些好朋友都知道，他的脑筋其实是"最普通不过了"。

那么他成功的秘诀是什么呢？他认为这无非是因为他活在所谓"一个完全独立的今天里"。在他到耶鲁大学演讲的前一个月，他曾乘坐着一艘很大的海轮横渡大西洋。一天，他看见船长站在船舱里，按下一个按钮，发出一阵机械运转的声音，船的几个部分就立刻彼此隔绝开来——隔成几个完全防水的隔舱。

"你们每一个人，"奥斯勒爵士说，"都要比那条大海轮精美得多，所要走的航程也要远得多，我要奉劝各位的是，你们也要学船长的样子控制一切，活在一个完全独立的今天，这才是航行过程中确保安全的最好方法。你有的是今天，断开过去，把已经过去的埋葬掉。断开那些会把傻子引上死亡之路的昨天，把明日紧紧地关在门外。未来就在今天，没有明天这个东西。精力的浪费、精神的苦闷，都会紧紧跟着一个为未来担忧的人。养成一个生活好习惯，那就是生活在一个完全独立的今天里。"

奥斯勒爵士接着说道："为明日准备的最好办法，就是要集中你所有的智慧、所有的热忱，把今天的工作做得尽善尽美，这就是你能应付未来的唯一方法。"

现实中，很多人尤其是年轻人总觉得自己的未来渺茫，于是在生活中焦虑不安；很多年轻人因为看不到自己的未来，就开始对生活失望。因为失望，他们就通过一些极端的手段排遣自己的情绪：比如，有的人沉迷于网络，明知道那是虚幻却不愿出来接受现实；有的人因为无所适从去吸毒或者干违法的事情；有的人因为对未来没有信心，而选择自杀……

你不去关注眼前的事物，却为那些未知甚至永远都不会发生的事情而心神不定，这不是一种很明显的自我伤害吗？

的确是这样，明天到底如何，我们尚懵然未觉，即便焦虑，也并不能使明天更美好。有句谚语说得好："当下的烦恼已经够受的了，不要再想入非非。"

有位哲人说，今天就是一座独木桥，只能承载今天的重量，如果你硬是在这上面加上明天的重量，那它必定轰然倒塌。因此，活在当下，过好当下的每一天，不去过多担忧未知的未来，你将充满愉快。

博爱：春风化雨减焦虑

人生就是一场收获。你播种什么，最后就能收获什么。假如你在心中种下烦恼，你将收获抑郁与烦躁；你在心中播下欢愉与平和，你将收获希望和快乐；如若你种下一片爱心，你也将得到爱的回报。

有一个穷困的学生名叫张楚，为了付学费，他挨家挨户地推销产品。到了晚上，他感觉很饿，但摸摸口袋发现只剩下了一角钱，想不出能买些什么东西吃。于是，他下定决心，到下一家时，向对方要顿饭吃。

然而，当一个年轻漂亮的女孩打开房门时，他却完全失去了勇气！他没敢张口讨饭，只是求喝一杯水。女孩看出来他十分饥饿，于是给他端出一大杯鲜奶来。他不慌不忙地将鲜奶喝下，然后问道："我应付你多少钱啊？"女孩微笑着回答："你不欠我们一分钱！妈妈告诉我，做善事不求回报。"

于是，张楚说："那么，我只有由衷地谢谢你们了！"当他离开时，不但觉得自己不再饥饿了，而且感觉身体强壮了不少，对人的信心也增强了许多——他本来是已经陷入绝境，准备放弃一切的！

数年之后，那个年轻女孩病情危急，当地医生都束手无策。家人无奈，只好将她送到另一个大城市，以便请名医来诊断她罕见的病。碰巧，他们找到的是张楚医生。他一眼就认出了那个女孩，下决心尽最大的努力来挽救她的生命。经过不懈努力，他终于让女孩战胜了病魔。

我们始终相信，爱的力量能够使灵魂从心底深处觉醒，也能够将生命的妙处发挥到极致。当你爱别人的时候，你和周围世界的界限便消失了。

爱的力量是可以不断传递的，一个爱别人的人就是在爱自己。多关心他人，能使一个人的能力得到强化，进而追求更高质量的生活。

爱，是个令人陶醉的字眼，也是一个永恒的命题。爱就像一块调色板，创造了五彩斑斓的生活，造就了人类的和谐与幸福。有了爱，生活中就会有更多的欢乐与感恩；有了爱，我们就可以把冷漠化为亲切，把仇恨变为宽容……

"他们都是些自私的家伙，从来只会考虑自己，而不会为别人考虑。"受了委屈的阿里回到家的时候，还在生气。他问妈妈："世界上真的有那种牺牲自己的人吗？"

"当然，孩子，让妈妈给你讲一个故事吧。"妈妈轻轻地对阿里说。

那是发生在一个建筑工地上的故事。年轻的马丁和科尔是一对好朋友，他们都是建筑工人。一个秋天的下午，他们正在尚未竣工的大楼里干活，那里离地面有几十米高。

突然，他们站立的木板断裂了。一刹那，两个人同时从几十米的高空落下。他们都认为自己肯定完了。

幸运的是，一根防护杆救了他们。但两个人实在太重了，防护杆只能承受一个人的重量，他们中间必须有一个人放开手，然而求生的本能让他们都紧紧地抓住防护杆。时间在一点点过去，防护杆吱吱作响，眼看就要断了。

这个时候，结了婚的科尔含着眼泪对马丁说："马丁，我还有孩子！"

没有结婚的马丁只是静静地说："那好吧！"然后就松开了手，像一片树叶飘向了水泥地面。面对选择，他只是简单地说了句"那好吧"，就把生的机会留给了别人。

"妈妈，我希望有这样的事情，但它只是个故事。"阿里不以为然地说。

"阿里，那个得救的人就是你的爸爸，而他所说的孩子就是你。"妈妈眼里含着眼泪。

空气顿时凝固了，阿里望着妈妈，颤抖地说："马丁叔叔一定是那个秋天风中最美丽的树叶，是吗，妈妈？"

"是的，那片美丽的树叶现在一定飞上了天堂，上帝也会为他的美丽而感动的。"妈妈双眼含着泪水说道。

相信阿里不会再埋怨别人只为自己考虑，相信他也应该懂得了爱的真谛。

无论碰到怎样的困境，陷入了怎样的焦虑当中，仁爱的心态都能令你一生受用无穷。

了解社恐型人格

社恐型人格的重要表现就在于害怕被他人给予不好的评价。在这种恐惧下，对任何社会交往都充满了焦虑：与异性交往时表现出焦虑；当向别人提出要求时，你会变得焦虑；在公众面前讲话，会让你焦虑；面试的时候、在开会发言的时候，都会让你感到不适。因为内心感到不适，外化到行为上就是你会颤抖，你会脸红，你会出汗、会口干舌燥，甚至还会紧张抽搐。但是你又非常害怕其他人会注意到你的窘迫，对你产生一些负面的印象，于是你变得越来越焦虑。因此，你开始尽可能地逃避各种社交活动。也许孤独、痛苦会袭向你脆弱的心理防线，但这至少比与他人交往更令你感觉安全。于是，孤僻便成了你生活的主旋律。

　　社恐型人格的人，总是会假定身旁的人会评价他。他们对自我的认识都想要参照别人的看法。一方面，它会让人扭曲自己对他人的认识。例如，在聚会上，你因为太在意别人怎样看待你，却忽略了一些更重要的社交信号：他们在说些什么，在做什么？也就是说，你总是把大把的时间花在别人怎么看你上，却很少去认真关注别人，去认真理解别人的想法，没有理解，即便是你多么想给别人留下好印象，也不可能，这只会让你继续活在一个自我的世界当中。另一方面，它会让人更加不自信。

　　社恐型人格的人不会正常地看待问题，他们总是在自己的脑海中产生极端的想法，并且老是把那些想法看成是真实的，也就是说，他们老是对自己臆想出来的东西信以为真。

　　我有缺陷或不够好；

　　不能获得所有人的认同是一件糟糕的事情；

　　一定还有更完美的方法应对社交；

　　当有旁人在场时，我就应该让自己表现得十分完美；

　　我绝对不能表现出焦虑，如果我表现出焦虑，人们可能就会小瞧我；

　　如果人们看出我的焦虑，他们就会认为我是一个"失败者"；

　　我应当总是表现得很自信和很有控制力；

　　我非常需要获得每一个人的认可。

　　社恐型人格的人以为，关注与担心社交是有用的。他们认为，预想社交失败会有助于规避发生不好的事情，但他们也清楚，焦虑会让他们更加紧张，表现更加拙劣。他们通常会有这样的焦虑：

　　如果我为这些事情感到焦虑，我提前准备，或许我就能找到不让自己丢脸的办法；

如果我焦虑，表明我能意识到事情的严重性，那么，我就能提前准备好，让自己不出错；

我在社交的时候，一定要好好表现，不能让自己看起来太傻。

同样，他们还会有一些典型的"安全行为"来掩盖自己的愚蠢行为：

如果我的手颤抖，我就可以握紧玻璃杯或者是一支铅笔；

我可以在说话的时候提速，这样别人就不会认为我是一个失败者，更不会对我所说的作出评价；

如果在讲话之前，我先喝上几口水，这样可以避免紧张。

然而，这些看起来似乎很安全的行为实际上却让事情变得更糟。其实，你并不知道别人是怎样评价你的，这些只是你的推测而已，而且你的推测在很多情况下根本是不正确的。

研究还表明，我们很少看到社恐型人格的人笑。他们在社交场合常用的表情是皱眉或者是让自己看起来很严肃，这样一来，没有亲和力，他们自然不能给别人留下好印象。这又与他们极力想给人留下好印象是矛盾的，所以，在人际交往中，结果却总是事与愿违，而他们却不知原因。

克服社交焦虑症的规则手册

1. 正确认识社交焦虑症的根源。社交焦虑其实也是进化的结果，人们对陌生人的恐惧，也会通过基因遗传，再加上你父母在自我认识上对你的影响。这些都不是你自己能决定的。

2. 重新认识过去那些消极的想法。你一直强调的那些消极的想法，事实上已经被你夸大和扭曲了。好好审度一下自己，你会明白其实自己也很优秀。

3. 衡量改变的边际成本及边际收益。为了更好地与他人相处，跟上生活的节奏，你需要做那些让你感到反感，感到焦虑的事。这种焦虑病并不会让你陷入难堪，但它可能会让你很不舒服。但是，你想想看，如果没了这种焦虑，你的生活将会变得多么美好。因此，你应当鼓起勇气去承担，去经历。

4. 不是所有的人都是挑剔的，摆脱那种腐朽的观念。有些人也许很挑剔，但大部分人都还是胸怀宽广的，大家都愿意接纳你。

5. 寻找积极的、正面的信息。世界上没有完美的人，试着去发现那些美好的事物，把注意力集中在别人给你的积极回馈上。寻找这种信息，你就一定会找到成功的感觉。

6. 做一个优秀的倾听者。不要去想你给别人的印象到底怎么样，把注意力放在正在进行的谈话内容上就行。

7. 正视你最差劲的自我评价。回击你心中那些自我批判的想法。证明它们是不理性的、有失公允的，只是浪费你时间和精力的一种可笑行为。

8. 抛弃你眼中的那些安全行为。不用刻意假装沉重镇定，抛弃它们你依然安全。

9. 客观地看待你的焦虑。焦虑是生活的一部分，每天都在发生着各种各样让人意想不到的状况，但是我们依然在正常地进行着日常生活。焦虑并不危险，它不过是一个生活中的警报。

10. 让你的症状更显性。放弃隐藏自己的焦虑，让它更明显，刻意地颤抖自己的双手，甚至在你大脑空白的时候，大声说出来。即便是有人觉得你有所不同，谁也不会将你赶出这个世界。

11. 勇敢地面对你的恐惧。将那些你感到焦虑的事付诸实施。给自己列一个每日计划表，与你的恐惧做一个面对面的挑战。

给自己的恐惧分级。从最不害怕的事情做起，慢慢提升等级。

想象并体验那些场景。大胆发挥你的想象力，试着去想象你已经能够成功地面对这些恐惧。

赶走你在这些场景中的消极念头。认清你的不理性想法，勇敢地挑战它们。

12. 不在事后埋怨自己。不要去反思你的"错误"，想着自己做得多么多么差。想想你现在的表现有多好，你可以面对更加深层的恐惧。

13. 肯定自己。每天都是崭新的一天，要有信心去面对生活中的各种挫折。相信自我，超越自我，保持良好的状态，克服生命中面临的各种障碍。

第三章

别再总是强迫自己，
允许自己做自己

人生的幸福路，就是不走极端

在生活中，很多人之所以不幸福，是因为他们喜欢走极端。老是苛求这个，苛求那个，最后使自己的生活完全失去了乐趣。

现实生活中，喜欢走极端的大有人在，最明显的一类喜欢走极端的人就是完美主义者。对完美主义者来说，他们绝对不允许自己的生活出现瑕疵。

《绝望主妇》的女主角之一布丽，就是最为典型的完美主义者。

她做事力求一百分，无论是家务、烹饪、仪容和相夫教子，她都尽心尽力。她永远会让房间一尘不染，烫平每件衣物，经常通过聚会来表现自己是优秀的女主人。

她是一个自我要求严格的人，出门时，从头到脚都要整整齐齐、干干净净。同时，她对家人也要求严格，用完的东西一定要放回原位，连筷子、汤匙的摆法和朝向都要一致。

她的过分刻意和挑剔，使得丈夫和两个孩子在家里感到很不安，因为他们必须按照布丽"完美"的安排去生活，从吃早餐、袜子的颜色到交男女朋友都有规定，一旦做错，布丽会立刻纠正和提醒。家里所有的人在她的"完美"之下都有一种窒息感。

当丈夫心脏病突发去世之后，布丽并没有像其他人一样悲恸欲绝，她关心的焦点是如何操持一场完美的葬礼。在葬礼中，一向端庄稳重的布丽做了一件异常疯狂的事：当牧师请众亲友向她丈夫的遗体告别时，布丽大声喊停，原因竟然是她不能忍受婆婆给丈夫戴的那条"可笑的黄色领带"。于是，她在众目睽睽下，解下朋友的领带为丈夫换上。完成这一切后，她才露出了满意的笑容。

这样的行为在很多人看来不可理喻，但是了解了完美主义者的思维方式和关注焦点，布丽的行为就不那么难以理解了。完美主义者对自己的感觉和感受，常用自我麻醉的方法来进行压抑和否定。面对生活中的摩擦和矛盾，完美主义者往往难以平心静气与人进行很好的沟通，达成一致意见，而是按照自己所理解的完美方案去要求对方，从而不能使问题得到解决。

完美主义者对待感情很忠诚，因为他们的内心不允许他们做不道德的事情。同时，他们也要求对方做到绝对忠诚，一旦发现对方有不忠的行为，完美主义者会非常愤怒而绝望。受到伤害的完美主义者往往会用毁灭感情的方式来做一个彻底的了结。

所以，我们要明白：人生的幸福路，就是不走极端。比方说，一个人要老实，但是不能太老实。一方面太老实的人没什么个性，没什么特点；另一方面太老实也会被看成是无能的表现。要聪明，但不能太聪明，小心聪明反被聪明误。与其在生活中一味地追求拔尖，不如追求适用。就像有人说的那样，在学习的时候，我们要做一个锥体，用心钻研；在做人的时候要做正方体，方方正正；在为人处世的时候，我们要做一个球体，圆圆融融。

一个人在生活中，与其过分地追求极端，不如追求平衡。

确立自己的评判标准

不要让众人的意见淹没了你的才能和个性。太在乎别人的意见或者是别人对自己的反应，你就会迷失自我。你只需听从自己内心的声音，做好自己就足够了。

一位小有名气的年轻画家画完一幅画后，拿到展厅去展出。为了能听取更多的意见，他特意在他的画作旁放上一支笔。这样一来，每一位观赏者，如果认为此画有败笔之处，都可以直接用笔在上面圈点。

当天晚上，年轻画家兴冲冲地去取画，却发现整个画面都被涂满了记号，没有一个地方不被指责的。他十分懊丧，对这次的尝试深感失望。

他把他的遭遇告诉了另外一位朋友，朋友告诉他不妨换一种方式试试。于是，他临摹了同样一幅画拿去展出。但是这一次，他要求每位观赏者将其最为欣赏的妙笔之处标上记号。

等到他再取回画时，结果发现画面也被涂遍了记号。一切曾被指责的地方，如今却都换上了赞美的标记。

"哦！"他不无感慨地说，"现在我终于发现了一个奥秘：无论做什么事情，不可能让所有的人都满意。因为，在一些人看来是丑恶的东西，在另一些人眼里或许是美好的。"

不同的人在面对同一件事物时，往往会发出不同的感慨，持有相异的观点。有时同一个人关于同一事件的观点，也会因时间的推移而变化，如果我们想用追随他人的喜好的方法来讨好他们的话，那将是一件非常辛苦的事情。不被他人的评论所左右，找到那片属于自己的天空，才能活出真正的自我，才能在充满坎坷的人生道路上走得更踏实。

但可惜的是很多时候，我们在通向成功的奋斗之路上常常会被一些人和事所干扰，最终失去了真实的自我，在歧路上越走越远，找不到回头的道路。

其实，生命是属于你自己的，每个人都有一片属于自己的独特天空。你所要做的只是不要被别人的言论所左右，找到那片属于你自己的天空，这样你就能创造出一片属于自己的精彩。

白云守端禅师有一次和他的师父杨岐方会禅师对坐，杨岐问："听说你从前的师父茶陵郁和尚大悟时说了一首偈，你还记得吗？"

"记得，记得。"白云答道，"那首偈是：'我有明珠一颗，久被尘劳关锁。一朝尘尽光生，照破山河万朵。'"语气中免不了有几分得意。

杨岐一听，大笑数声，一言不发地走了。

白云怔在当场，不知道师父为什么笑，心里很烦，整天都在思索师父的笑，怎么也找不出他大笑的原因。

那天晚上，他辗转反侧，怎么也睡不着，第二天实在忍不住了，大清早去问师父为什么笑。

杨岐禅师笑得更开心，对着失眠而眼眶发黑的弟子说："原来你还比不上一个小丑，小丑不怕人笑，你却怕人笑。"白云听了，豁然开朗。

是啊，身为一个凡人，我们有时还比不上一个小丑。放开自己，挣脱别人对我们的束缚，我们才能活得更洒脱。

避免监督自己的想法

在许多人的脑子里，总是会出现一种想法——"我们应该……"这样的想法其实有一种自我限定、自我监督或者事后诸葛亮的成分。因为这样的"应该"是我们给自己设定了一个目标，这个目标或许能够成功或许不能，有时候，这个"应该"的目标设定得过大过强，超出了我们的能力范围，就有可能给我们带来过重的负担和压力。

那么，我们应该怎样处理这种"应该"带来的压力呢？

首先，对抗"应该"的一个方法就是告诉自己"应该"命题与现实不符。比如，当你说"我应该做……"时，你假设事实上自己不应该做。真相通常与你的想象正好相反。

其次，在口头语言上进行替换。比如用别的词来取代"应该"。口头语

"要是……就好了"或"我希望我能……"会很有益，而且听起来更现实，也不让人心烦。比如，不说"我应该能够让我妻子快乐"，而说"要是现在能让我妻子快乐就好了，因为她好像很难受。我可以问一问她为什么难过，看看我有没有什么办法帮助她"；不说"我不应该吃冰激凌"，而是说"要是没吃冰激凌就好了"。

再者，就是对自己的反省和叩问："谁说应该？哪儿写着说我应该？"这样做的目的是让你意识到你是在毫无必要地批评自己。由于你是规则的最终制定者，所以一旦你感到这些规则无益，你就可以改变规则或废除规则。假定你对自己说你应该能够让双亲一直生活快乐。如果经验告诉你这样想毫无必要也没有好处，你就可以重写规则，让规则更有效。你可以说："我可以让双亲有时感到快乐，但是肯定不能让他们一直快乐。最终，他们是会感到快乐的。"

另外，还有一种更简单实用的方法——腕表法。一旦你相信应该命题不利于你，你就可以把它们记录下来。每出现一个应该命题，你就摁一下表。你还要根据每天的工作总量建立一套奖励机制。记下的应该命题越多，你所得到的奖赏也就越多。过上那么几周，你每天的应该命题总量就会下降，你就会发现自己的内疚感减少。

最后，战胜"应该"的另外一个有效方法就是问："为什么我应该？"然后你就可以审视你所遇到的证据，以揭示其中不合理的逻辑。运用这种方法你可以把应该命题降低到尽可能的限度。

在你成长的过程中，你要经常告诉自己，"学会接受你的局限性，你就会变成一个更为幸福的人"。

不强迫自己做不想做的事

我们都只有一次生命，而且还相当短，为什么要在自己不想做的事情上浪费自己的生命呢？

有一天，如来佛祖把弟子们叫到法堂前，问道："你们说说，你们天天托钵乞食，究竟是为了什么？"

"世尊，这是为了滋养身体，保全生命啊。"弟子们几乎不假思索。

"那么，肉体生命到底能维持多久？"佛祖接着问。

"有情众生的生命平均起来大约有几十年吧。"一个弟子迫不及待地回答。

"你并没有明白生命的真相到底是什么。"佛祖听后摇了摇头。

另外一个弟子想了想又说："人的生命在春夏秋冬之间，春夏萌发，秋冬凋零。"

佛祖还是笑着摇了摇头："你觉察到了生命的短暂，但只是看到生命的表象而已。"

"世尊，我想起来了，人的生命在于饮食间，所以才要托钵乞食呀！"又一个弟子一脸欣喜地答道。

"不对，不对。人活着不止是为了乞食呀！"佛祖又加以否定。

弟子们面面相觑，一脸茫然，都在思索另外的答案。这时一个烧火的小弟子怯生生地说道："依我看，人的生命恐怕是在一呼一吸之间吧！"佛祖听后连连点头微笑。

故事中各位弟子的不同回答反映了不同的人性侧面。人是惜命的，希望生命能够长久，才会有那么多的帝王将相苦练长生之道；人是有贪欲的，又是有惰性的，所以才会有那么的"鸟为食亡"的悲剧发生；人又是向上的，所以才会有那么多争分夺秒、从不松懈的生活。

这些弟子看到的都只是生命的表象，而烧火的小弟子的彻悟，却在常人之上。人这一生，犹如一呼一吸，生和死，只是瞬间的转化。天地造化赋予人一个生命的形体，让我们劳碌度过一生，到了生命的最后才让人休息，而死亡就是最后的安顿，这就是人一生的描述。世间的痛苦与幸福，都不过是生命的衍生。倘若没有了生命，便没有痛苦，幸福也无从谈起。

生命之旅，即使短如小花，也应当珍惜这仅有的一次生存的权利。生命是虚无而又短暂的，它在于一呼一吸之间，如流水般消逝，永远不复回。要让生命更精彩，我们理应在有限的时间里，绽放幸福的花朵。

在有限的生命里，我们应该秉持一种乐观心态，让我们的生命活得更精彩、更有价值，让可贵的生命变成有质量的生命。

对每个人来说，生命有长有短，生命的质量也有很大的不同。什么是生命的质量？生命的质量是霍金在残疾之后的坚强不息，是海伦·凯勒在失明之后活下去的勇气，是世人孜孜不倦追求幸福的过程。我们无法掌握生命的长度，但我们能改变生命的质量。只要活出有质量的人生，瞬间生命也能绽放永恒的绚烂。

所以，把握住短暂的生命，把生命的热情倾注在自己喜欢做、渴望做的事情上，把自己的人生变成有质量的人生，莫到年华逝去时，才感慨时光错付而追悔不已。走自己的路，让别人说去，人生在世，何必事事都在乎世人的眼光，又何必因自己想做的事与世俗眼光相左而放弃自我的坚持？生命短暂，何必花费过多时间在自己不愿做的事情上呢？虽然人活在这个世界上，不可避免地会遇到一些违背心愿的事，但是关键在于能否在做了这些事之后还能继续坚持自己的理想，且坚持不懈地走下去。人这一生，要拿得起放得下，勿在不愿做的事情上花费太多时光，消耗自己短暂的人生。做自己想做的事，过自己想过的生活，燃烧自己生命的激情，一呼一吸间的短暂生命会因此而丰盈，从而变得充满质感。

不求最好，但求"最满意"

许多人过于认真，认为做到极致才是最好的选择，才是足以表现我们能力的最佳手段。但是，在现实生活中，我们为了确保时间、效率，当我们做不到极致完美时，其实，做到"够好"也是让大家可以接受的。

迪诺总是追求完美的外表，所以她花许多时间在自己的头发、衣服、妆容上面。令她苦恼却又控制不住的事是，在上班之前，她总是需要花上近两个小时的时间去尝试她认为合适的衣服和首饰。朋友和同事们都对她说，她这样的行为是对时间和精力的巨大浪费。于是，迪诺开始降低自己对完美外形的要求。起初她担心如果只停留在满意阶段，自己可能会落伍、没有吸引力，而且太普通。在之后的几个早晨，她还是花了超出预计的时间。但是，还是有几个早上，她强迫自己对穿着、妆容只做到"足够好"、"刚刚满意"的程度。而迪诺也从这几个"足够好"中明白了，她并不需要成为最好的、最美的，她没有必要非得有一身最完美的服装，她只需要和别人做到一样就可以了。

"满意"就是心理学家用来解决过度研究倾向的一个概念。"满意"就是"某选择满足最低要求"。环视周围，看看其他人的选择，这是找到最低要求的一种方法。关注"满足"，而不是完美，你就能制定合理的目标，并使用"够好"的标准去满足目标。

世间没有绝对纯美的事物。人也是如此，智者再优秀也有缺点，愚者再愚蠢也有优点。对人多做正面评估，不以放大镜去看缺点，避免以完美主义的眼光，去观察每一个人。以宽容之心包容他人缺点，责难之心少有，宽容之心多些。

对任何人来讲，不完美永远是客观存在的。所以，我们没必要一定要完美，世上也没有完美的人。对此采用的比较有效的解决方案是，尽可能地为信息收集设定一个时限。比如，有人为炒股殚精竭虑，熬夜去搜索更多有关股票和投资的信息。这种希望做到最好，并将"利益最大化"的行为，就是一种对于完美的追求。如果我们在搜索信息前设定一个时限，则有助于从对信息的偏执性关注中转移出来。

假如我们使用感性标准而非理性标准来决定多少信息才算得上充分，设限也是有帮助的。我们的搜索标准可能会是"感觉舒适为止"，或者"直到我没有疑虑为止"。在搜索信息之前设限，是制止没完没了的信息搜集的一个办法。

人不总是十全十美的。在提出自己的要求之前，应当客观地认识自己。其实人生当有不足才是一种"圆满"，因为不完美才让人们有盼头、有希望。古人常说人生不如意事十之八九，聪明的人常想一二，就是这个道理。

健康根本无须怀疑

疑病者可出现紧张、焦虑，甚至惶惶不安，反复要求医生进行检查和治疗，并对检查结果的细微差异十分重视，认为这种差异证实了自己疾病的存在。对于别人的劝说和鼓励不是从正面理解，常认为是对自己的安慰，更证明自己疾病的严重性。患者受疑病观念的驱使，东奔西走，到处求医，寻求"最新"诊断。

欧云是一家科研单位的技术员，平时对身体健康较关注，一旦觉得什么地方不舒服，便要找医书、杂志文章对照研究一番。有一天他在图书馆一本科普杂志中看到一篇短文，叙述喉癌的早期症状，以帮助病人尽早发现并治疗。当时他正好患感冒，嗓子有点发炎。他觉得自己的症状与文中所述很相似，便疑心自己得了喉癌，心情非常紧张。次日就到医院检查，医生诊断为风寒喉炎，并说吃点感冒药就会好转。欧云吃了几天药，嗓子炎症果然消失了，这才放下心来。时隔不久，他发现自己身上有几处红肿，又非常紧张，认为这是一种不祥之兆，马上去医院检查，医生说这是虫咬皮炎，无须特殊处理。对这样的诊断欧云很不放心，又到图书馆翻阅有关皮肤病的书籍，看后觉得自己的疙瘩已经癌变了。于是丢下工作，到处求医。他去过的所有皮肤科，医生均诊断为皮炎，但他都不相信。起初他常与医生争辩，后来渐渐改变了策略，为了得到更多的检查，他表面上装作恭恭敬敬，表示要听医生的话，然后用拐弯抹角的方式，一再请求医生给他做个小手术，把疙瘩取出来做病理检查，以解除其疑虑。没办法，医生只好按其要求做了，结果当然不是癌变，但他内心仍不放心，并认为红肿消失了、疙瘩没有了，可能是癌的转移和扩散。就这样，他疑神疑鬼，整日惶惶不安，简直闹到不能再活下去的地步。

生病看医生，这是正常现象。可是有的"病人"反反复复看医生，却始终查不出是什么病，这就令人费解了。其实，这种人确实有病，只是他的病不是在身上，而是存在于思想上、精神上。这种病叫作"疑病症"。他们经常的表现可概括为疑病性烦恼、疑病性不适感和感觉过敏、疑病观念，对自身健康过分关注。

疑病者的注意力全部或大部分集中于健康问题，以致学习、工作、日常生活和人际交往常受到明显影响。

事实上，我们的健康无须怀疑，一旦你陷入疑病的深渊，不必害怕，现在教你五招保持健康的方法：

保持乐观

俗话说："笑一笑，十年少。"乐观的情绪不仅能使你显示青春活力，还将有助于增强机体免疫力，使你免受疾病的侵袭。

坦然面对生活中的压力

在快节奏的都市生活中，人们会面临种种压力，勇敢地面对现实，把压力当作是一种挑战，这样将更有利于人的身心健康。

学会包容别人

怀有怨恨心理的人情绪波动较大，不是整天抱怨，就是后悔；不是对人怀有敌意，就是自暴自弃。这样容易患心理障碍。所以，平时应学会抛弃怨恨，原谅别人，更要原谅自己。

富有幽默感

有人称幽默是"特效紧张消除法"，是健康人格的重要标志。

选择正确方式发泄情绪

不善于用语言来表达自己的忧伤或难过的人容易患病，而压抑愤怒对机体也同样有害，更不能用酗酒、纵欲等不健康的生活方式来逃避现实。伤心的时候痛哭一场，或与知心朋友谈谈心，或参加适量的体育运动后，常会感到心情舒畅，这就是宣泄感情的意义。

让"强迫症"不再强迫你

强迫症又称强迫性神经症，是病人反复出现的明知是毫无意义的、不必要的，但主观上又无法摆脱的观念、意向和行为。其表现多种多样，如：反复检查门是否关好，锁是否锁好；常怀疑被污染，反复洗手；反复回忆或思考一些不必要的问题；出现不可控制的对立思维，担心由于自己不慎使亲人遭受飞来横祸；对已做妥的事，缺乏应有的满足感……

对于强迫症的发病原因，一般认为主要是精神因素。现代社会压力大，竞争激烈，淘汰率高，在这种环境下，内心脆弱、急躁、自制力差、具有偏执性人格或完美主义人格的人很容易产生强迫心理，从而引发强迫症。

通常，他们会制定一些不切合实际的目标，过度强迫自己和周围的人去达到这个目标，但总会在现实与目标的差距中挣扎。此外，自幼胆小怕事、对自己缺乏信心、遇事谨慎的人在长期的紧张压抑中会焦虑恐惧，易出现强迫性行为。

需要指出的是，像反复检查门锁这种强迫心理现象在大多数人身上都曾发生过，如果强迫行为只是轻微的或暂时性的，当事人不觉痛苦，也不影响正常生活和工作，就不算病态，也不需要治疗。如果强迫行为每天出现数次，且干扰了正常工作和生活，就需要治疗了。

李广栋是某修配厂的一名工人，平时非常怕脏，只要手碰了一下某种东西，就反复洗手。三年前李广栋刚去这工厂不久，生活上有些不适应，热心的老工人袁师傅对他比较关心，在生活上关照他，业务上指导他，因此关系比较密切。后来，李广栋听人说袁师傅曾患有肝炎，因而十分紧张，怕传染上肝炎，于是将所有被袁师傅接触过的衣物、器皿丢掉，被袁师傅碰过的东西，如自己再碰着就不断地洗手，直洗到双手发白，皮肤起皱才罢休，否则就会内心紧张，甚至感到思维都不灵活了。自己明知这样洗是不必要的，但无法控制。在朋友的劝说下，李广栋去找心理学专家进行咨询，经诊断他患上了强迫症。

"强迫症"并不可怕，关键在于你能否勇敢理智地面对它，战胜它，让它再也"强迫"不了你。如果你有此决心，不妨试试以下几种方法进行自我调适。

顺其自然法

任何事情顺其自然，该咋办就咋办，做完就不再想它，有助于减轻和放松精神压力。如有东西忘了带就别带它好了，担心门没锁好就不锁，东西没收拾干净就脏着。经过一段时间的努力来克服由此带来的焦虑情绪，症状是会慢慢消除的。

夸张法

患者可以对自己的异常观念和行为进行戏剧性的夸张，使其达到荒诞透顶的程度，以至自己也感到可笑、无聊，由此消除强迫性表现。

活动法

患者平时应多参与一些文娱活动，最好能参加一些冒险和富有刺激的活动，大胆地对自己的行动做出果断的决定，对自己的行为不要过多限制和发表评价。在活动中尽量体验积极乐观的情绪，拓宽自己的视野和胸怀。

自我暗示法

当自己处于莫名其妙的紧张和焦虑状态时就可以进行自我暗示。比如："我干吗要这样紧张？一次作业没做是没有关系的，只要向老师讲清原因就可以了。就是不讲，老师也不会批评；就是批评了，又有什么好紧张的，只要虚心听取下次改了就行，何必那样苛求自己呢？谁没有犯过一点错呢？"

满灌法

满灌法就是一下子让你接触到最害怕的东西。比如说你有强迫性的洁癖，请你坐在一个房间里，放松，轻轻闭上双眼，让你的朋友在你的手上涂上各种液体，而且努力地形容你的手有多脏。这时你要尽量忍耐，当你睁开眼，发现手并非想象的那么脏，就会知道不能忍受只是想象出来的。若确实很脏，你洗手的冲动会大大增强，这时你的朋友将禁止你洗手，你会很痛苦，但要努力坚持住，随着练习次数的增加，焦虑便会逐渐消退。

当头棒喝法

当你开始出现强迫性的思维时，要及时地对自己大声喊"停"。如果你在自疗的过程中遇到困难，请别忘了向你身边的朋友或心理专家寻求帮助。

克服强迫型人格的规则手册

1. 下决心寻求一些改变。想象一下克服强迫症后你的生活会变得多么美好。强迫症经常会影响你的生活，很轻易就能完成的事情对你而言会变得异常艰难。你的工作、人际关系、休闲娱乐以及许多其他事情都可能受到它的干扰。然而，想要改变这一切，你可能需要承受一些不适。

2. 认清你的强迫症为何是负面的。看看你周围的人是否抱持着同样的想法，他们大多是如何行事的，坦然面对生活，接受生活，一切并没有想象中的那么复杂。

3. 分析你的强迫想法的消极信念。想想这些想法是否有存在的必要性。它们是否合理？是否会对你的生活产生消极的影响？你是否有必要抑制这些想法？

4. 试着改变这些想法在你心中的地位。欢迎它们的到来，关注你的想法，就如同照看一个孤独的人。

5. 不要监督自己的想法。当强迫念头出现的时候，你可以试着转移注意力。你可以把注意力转移到其他事物上去，诸如数一数有多少物件，描述它们形状和颜色的不同等。

6. 因势利导，不要压抑你的想法。也许你会害怕自己发疯，那么为何不每天重复这个念头 15 分钟呢？你会发现，你根本不会疯掉，事实上，你很快会感到厌倦。

7. 消灭强迫行为。找寻能够引发你强迫念头和强迫行为的一些特定要素。比如，如果你有洗手强迫症，那么弄脏手就可能是诱因。用手触碰一些脏的东西，擦拭擦拭地板，或是从废纸篓里捡一些垃圾等。弄脏你的双手，然后一小时不洗手，忍受那种焦虑感。尝试这种带有效应预防的暴露疗法是一个不错的选择。

8. 推迟强迫行为发生。如果一开始很难消灭强迫行为，那就先试着推迟实施强迫行为。一旦你注意到强迫念头产生，那么请在实施强迫行为前，先等上 30 分钟，逐渐减弱你实施强迫行为的欲望。

9. 修正和终止强迫行为的发生。你的强迫行为或许会十分顽固，要消除强迫行为，需要对其作一些修正。比如，当你感到必须一遍遍重复做什么事情的时候，中途穿插一些其他的事来干扰和中断这种重复。就拿洗手强迫症来说，你可以试试用另一种方式来清洗。许多人会一直重复他们的强迫行为，直到获得一种完成感。试着改变这种状况，提前终止强迫行为，不让自己满足。

10. 为复发做好准备。强迫症并非一去不复返，即便你成功地治好了强迫症，那些想法和冲动还是很有可能会卷土重来。不过不用担心，这只意味着你需要再次实施你所学到的一些治疗方法。

第四章

摆脱『认同』上瘾症，
从讨好型人格中觉醒

别因讨好别人而使自己受挫

生活中，当我们遇到比较重要的事情而不能作出决定时，总是会向身边的人诉说，以征求他们的意见，从而作出正确而明智的选择。如果是这样倒也无可非议，但有的人往往过于在意别人的看法，尤其当别人的意见与自己完全相反时，他们往往会产生受挫心理，并开始怀疑自己，因而迟迟不敢作出决定，甚至作出错误的选择。

美国前总统里根小时候曾经去一家制鞋店，要求做一双鞋。

鞋匠问年幼的里根："你要什么款式的？"

里根摇了摇头，因为他自己也不知道想要什么样的。这个鞋匠以为他没有听懂，又问道：

"你是想要方头鞋还是圆头鞋？"

里根真不知道哪种鞋适合自己，好像哪种都行，但又都不行。他一时回答不上来。无奈之下，鞋匠告诉说："那你先回去好好考虑，想清楚了再来告诉我答案。"

三天过去了，里根还是没有去找鞋匠。鞋匠正着急，却看到里根在街上和几个孩子玩耍，于是又问起鞋子的事情。里根仍然犹豫不决，他看了一眼身边的小伙伴，似乎想请他们给自己作出决定，而这些孩子有的说圆头好看，有的说方头漂亮。

鞋匠看里根还是举棋不定，就说："行了，不难为你了，我知道该怎么做了。两天后你来取新鞋。"

两天后，里根兴奋地去店里取鞋。当他接过鞋子却发现鞋匠给自己做的鞋子一只是方头的，另一只是圆头的。

"怎么会这样？"他感到纳闷。

"等了你几天，你都拿不出主意，当然就由我这个做鞋的来决定啦。这是给你一个教训，不要让人家来替你作决定。"鞋匠回答。

里根后来回忆起这段往事时说："从那以后，我认识到一点——自己的事自己拿主意。如果自己遇事犹豫不决，就等于把决定权拱手让给了别人。一旦别人作出糟糕的决定，到时后悔的是自己。"

有时候，我们犹豫不决时，想从别人那儿得到确认和肯定。这一方法也未尝不可，毕竟一个人的智慧是有限的，别人可能为我们提供更有价值的建议。我们也许能从别人那里获得更多信息，从而从更合理的角度看待问题。

当你困惑的时候，想找朋友谈谈你的决定是可以理解的，这可能很有帮助。可是，如果你不断地寻求确认和肯定，最后可能会将朋友赶走。他们可能对你这种没完没了的追问产生反感，甚至觉得你根本不信任他，有的朋友会认为你没有独立做决定的能力。一旦留下这样的印象，他们将会离你而去。

燕子是一个大四的学生，学习优秀，人缘也好。但最近一段时间，宿舍里几个姐妹对她都没有以前热情了。事情是这样的：

燕子一直暗恋她的一个高中同学，那个男生在附近的大学。几年来，他们常有来往，关系不错，似乎超越了普通朋友的界限，燕子却也从来没有明确表达过自己的意思。但最近燕子从别的同学口中得知，这个男生好像与他们班的一个女孩走得很近。这样一来，燕子开始纠结，不知怎么办才好。

刚开始，燕子先是一个个地咨询宿舍里的姐妹们，有人建议她与其这么痛苦不如主动表白；也有人说你们都这么多年了，他应该早知道你的心思，如果他明白你的想法却迟迟按兵不动，说明他对你没意思，如果是这样，你又何必自找尴尬呢？

可是燕子还是在这两种建议之间犹豫不决。后来，她把这件事直接拿到晚上临睡之前进行讨论。姐妹明白，说来说去就是两种方法，这种事情只有燕子才能做决定。当她再挑起这个话题时，姐妹们都佯装睡着，不再发表任何意见。

宿舍里的几个女孩之所以不再接燕子的话茬，是因为她们觉得燕子不是在寻求建议，只是一种简单的倾诉，可这种反复的诉说已经让她们觉得厌烦。

由此看来，自己的事情就要自己做决定。如果情况真的让你感觉棘手，可以请他人帮忙出谋划策，但是这并不是让你盲从。别人的意见可以当作参考，自己必须进行全面权衡再作取舍。

人活在自己心里而不是他人眼里

人生来时双手空空，却要让其双拳紧握，而等到人死去时，却要让其双手摊开，偏不让其带走财富和名声……明白了这个道理，人就会对许多东西看淡。幸福的生活完全取决于自己内心的简约而不在于你拥有多少外在的财富。

18世纪法国有个哲学家叫戴维斯。有一天，朋友送他一件质地精良、做工考究、图案高雅的酒红色睡袍，戴维斯非常喜欢。可他穿着华贵的睡袍在家里踱来踱去，越踱越觉得家具不是破旧不堪，就是风格不对，地毯的针脚也粗得吓人。慢慢地，旧物件挨个儿更新，书房终于跟上了睡袍的档次。戴维斯穿着睡袍坐在帝王气十足的书房里，可他却觉得很不舒服，因为"自己居然被一件睡袍胁迫了"。

戴维斯被一件睡袍胁迫了，生活中的大多数人则是被过多的物质和外在的成功胁迫着。很多情况下，我们受内心深处支配欲和征服欲的驱使，自尊和虚荣不断膨胀，着了魔一般去同别人攀比，谁买了一双名牌皮鞋，谁添置了一套高档音响，谁交了一位漂亮女友，这些都会触动我们敏感的神经。一番折腾下来，尽管钱赚了不少，也终于博得别人羡慕的眼光，但除了在公众场合拥有一两点流光溢彩的光鲜和热闹以外，我们过得其实并没有别人想象的那么好。

从某种意义上来说，人都是爱好虚荣的，不管自己究竟幸福不幸福，常常为了让别人觉得自己很幸福就很满足。人往往忽视了自己内心真正想要的是什么，而是常常被外在的事情所左右。别人的生活实际上与你无关，不论别人幸福与否都与你无关。幸福不是别人说出来的，而是自己感受到的，人活着不是为别人，更多的是为自己而活。

一个人活在别人的标准和眼光之中是一种痛苦，更是一种悲哀。人生本就短暂，真正属于自己的快乐更是不多，为什么不能为了自己而完完全全、真真实实地活一次？为什么不能让自己脱离总是建立在别人基础上的参照系？

当我们把追求外在的成功或者"过得比别人好"作为人生的终极目标的时候，就会陷入物质欲望为我们设下的圈套。它像童话里的红舞鞋，让人一眼望去，便对它充满无限的喜爱。不管这双红舞鞋是否适合自己的双脚，都会毫不犹豫地将其穿上，感受那一刻最令自己兴奋的感觉。而当这种感觉消散后，留给我们的其实只有无尽的空虚。

我们不可能让所有的人满意

世界一样，但人的眼光各有不同。做人，不必花大量的心思去让每个人都满意，因为这个要求基本上是不可能达到的。如果一味地追求别人的满意，不仅自己累心，还会在生活和工作失去自己！

生活中我们常常因为别人的不满意而烦恼不已，我们费尽了心思去让更多的人对自己满意，我们小心翼翼地生活，唯恐别人不满意，但即便是这样还会有人不满意，所以我们为此又开始伤神。很多时候，我们忙活工作或者生活其实花不了太多的时间，而只是我们将大量的时间都花在了处理如何让别人满意的这些事情上，所以身体累，心也累。

一个农夫和他的儿子，赶着一头驴到邻村的市场去卖。没走多远就看见一群姑娘在路边谈笑。一个姑娘大声说："嘿，快瞧，你们见过这种傻瓜吗？有驴子不骑，宁愿自己走路。"农夫听到这话，立刻让儿子骑上驴，自己高兴地在后面跟着走。

不久，他们遇见一群老人正在激烈地争执："喏，你们看见了吗，如今的老人真是可怜。看那个懒惰的孩子自己骑着驴，却让年老的父亲在地上走。"农夫听见这话，连忙叫儿子下来，自己骑上去。

没过多久又遇上一群妇女和孩子，几个妇女七嘴八舌地喊着："嘿，你这个狠心的老家伙！怎么能自己骑着驴，让可怜的孩子跟着走呢？"农夫立刻叫儿子上来，和他一同骑在驴背上。

快到市场时，一个城里人大叫道："哟，瞧这驴多惨啊，竟然驮着两个人，它是你们自己的驴吗？"另一个人插嘴说："哦，谁能想到你们这么骑驴，依我看，不如你们两个驮着它走吧。"农夫和儿子急忙跳下来，他们用绳子捆上驴的腿，找了一根棍子把驴抬了起来。

他们卖力地想把驴抬过闹市入口的小桥时，又引起了桥头上一群人的哄笑。驴子受了惊吓，挣脱了捆绑撒腿就跑，不想却失足落入河中。农夫只好既恼怒又羞愧地空手而归了。

笑话中农夫的行为十分可笑，不过，这种任由别人支配自己行为的事并非只在笑话里出现。现实生活中，很多人在处理类似事情时就像笑话里的农夫，人家叫他怎么做，他就怎么做，谁抗议，就听谁的。结果只会让大家都有意见，且都不满意。

谁都希望自己在这个社会如鱼得水，但我们不可能让每一个人满意，不可能让每一个人都对我们展露笑容。每个人的利益是不一致的，每个人的立场、主观感受是不同的，所以想面面俱到、不得罪任何人，是绝对不可能的！

做人无须在意太多，不必去让每个人满意。凡事只要尽心，按照事情本来的面目去做就好。

修复心灵上那道细微的害羞伤疤

英国 17 世纪的著名思想家约翰·洛克这样说过：不良礼仪有两种，第一种就是忸怩羞怯，我们只有克服害羞，才能让别人尊重我们。

人的害羞心态似乎与生俱来。从某些领域来看，害羞并不一定是一个完全贬义的词，有人甚至认为"适当的害羞是一种美德"。的确，害羞究竟是好是坏，不能一概而论，但都不能超过一个有限的"度"。如果一个人害羞过了度，那么，他的生活就会充满痛苦。

徐欢是一名刚走上工作岗位的小伙子。尽管已经大学毕业参加了工作，但他对与其他人交往有一种恐惧感，见到人就脸红。尤其是陌生人，如果与他们在一起时，他便会感到一种莫名其妙的紧张。当他与别人并肩而坐的时候，心中总是想要看看别人，这种欲望很强，但又因恐惧而不敢转过脸去看。如因有事必须与他人接触时，不论对方是男是女，徐欢一走近对方，便感到心慌、神情紧张、面部发热，不敢抬头正视对方。如果与陌生人坐在一起，相距两米左右时，他就开始感到焦虑不安、手心出汗，神情也极不自然。由于这一原因，他很害怕与别人接触，进而害怕出去做业务，这影响了他的工作和正常的生活，徐欢的内心感到非常痛苦。

徐欢表现出来的是一种典型的过度害羞心态。过度的害羞只会使人消极保守，沉溺在自我的小圈子里，不利于一个人的成功，甚至有可能造成心理障碍。

美国著名的心理专家朱迪斯·欧洛芙博士在其《正向能量》一书中说："害羞是一种毫无意义的感觉，只会给内心带来痛苦，让你体会挫败，产生退缩心理，同时吸干你的生命力。"不仅如此，朱迪斯·欧洛芙还把害羞描述为"从内心深处狠狠地剜了一刀"，把害羞比喻成人们能量场中一道细微的伤口。

朱迪斯·欧洛芙博士指出每个人都会对某些事情感到羞耻，只是害羞的程度不同。我们要想将状态调整到最佳，就必须要克服害羞。具体该怎样做？以下是几个克服害羞的小方法：

1.做一些克服羞怯的运动。例如：将两脚平稳地站立，然后轻轻地把脚跟提起，坚持几秒钟后放下。每次反复做30下，每天这样做两三次，可以消除心神不定的感觉。

2.深呼吸。害羞使人呼吸急促，因此，要强迫自己做数次深长而有节奏的呼吸，这可以使一个人的紧张心情得以缓解，为建立自信心打下基础。

3.与别人在一起时，不论是正式或非正式的聚会，开始时不妨手里握住一样东西，比如一本书、一张纸巾或其他小东西，这对害羞的人来说，会感到舒服而且有安全感。

4.学会专心地、毫不畏惧地看着别人。试想，你若老是回避别人的视线，老盯着一件家具或远处的墙角，不是显得很幼稚吗？难道你和对方不是处在一个同等的地位吗？为什么不拿出点勇气来，大胆而自信地看着别人呢？

5.平时多读一些书，开阔视野。经常读些课外书籍、报纸杂志，开阔自己的视野，丰富自己的阅历，你就会发现，在社交场合你可以毫无困难地表达你的意见。这将会有力地帮助你树立自信，克服羞怯。

6. 在参加社会活动时，应该尽量坐在社交场合的中心位置，有意暴露自己。害羞的人参加社交活动总喜欢坐在角落里，这样确实不容易引起别人的注意，但也失去了别人认识他的机会，于是就会造成一种结果，少了许多给他人一些接触你的机会。

7. 在与别人谈话过程中练习克服害羞心理。在与别人交谈时，眼睛尽量注视着对方；说话声音大一些，并且要尽量有条理、有见地。如果遇到别人没有回答你的问话的情况，就再说一遍，不要害怕会惹人不高兴。

没有人生来就是失败者

没有人生来就是要失败的。如果我们生来就坚信自己可以胜利，不管遇到多大的挫折都让自己站起来，那么，我们最后十有八九能成功。就像罗曼·罗兰所说的："任何事只要你想要，而且是一定要，那么十之八九能成。"

闻名商界的"世界船王"包玉刚刚开始经营航运业时，仅靠一条破船闯大海。当时曾引起不少人的嘲弄，但包玉刚并不在乎别人的怀疑和嘲笑，他相信自己会成功。他抓住有利时机，正确决策，不断发展壮大自己的事业，终于成为雄踞"世界船王"宝座的华人巨富。

包玉刚中学毕业后当过学徒、伙计，后来又学做生意。30 岁时曾任上海工商银行的副经理、副行长，并小有名气。31 岁时包玉刚随全家搬到香港，他靠父亲仅有的一点资金，从事进口贸易，但生意毫无起色。他不听父亲要他投身房地产业的建议，表明了从事航运的打算。因为包玉刚的父辈没有从事过航运业，当时航运竞争也十分激烈，风险极大，亲朋好友均纷纷劝阻他。但是包玉刚却信心十足，他经过周密的分析，认为航运业会有很广阔的发展前景，并且香港背靠大陆、通航世界，是商业贸易的集散地，其优越的地理环境有利于航运业的发展。

包玉刚确信自己能在大海上开创一番事业。于是，他抛开了他所熟悉的银行业、进口贸易，投身于他并不熟悉的航运业。对一个穷得连一条旧船也买不起的外行，谁也不肯轻易把钱借给他，人们根本不相信他会成功。他四处告贷，但到处碰壁，尽管钱没借到，但他经营航运的决心却更大了。后来，在一位朋友的帮助下，他终于贷款买来一条 20 年航龄的烧煤旧货船。

从此，包玉刚就靠这条整修一新的破船，扬帆起锚，跻身于航运业了。经过包玉刚的苦心经营，他所创立的"环球航运集团"，在世界各地设有 20 多家分公司，曾拥有过 200 多艘载重量超过 2000 万吨的商船。他拥有的资产达 50 亿美元，曾位居香港十大财团的第三位。

包玉刚的平地崛起，令世界上许多大企业家为之震惊：他靠一条破船起家，经过无数次惊涛骇浪，渡过一个又一个难关，终于建起了自己的王国，结束了洋人垄断国际航运业的历史。回顾一下他成功的道路、他在困难和挑战面前所表现出的坚定信念，难道不能使我们有所启迪吗？

包玉刚的这种自我肯定的力量为其事业的成功提供了精神动力，在商界留下了美名。一些人总是奇怪自己为什么在社会中如此卑微，如此不值一提，如此无足轻重，其中的原因就在于他们不能像包玉刚那样自信地、积极地去思考。他们没有建设者、胜利者或征服者的心态，他们总给人以软弱无力的印象。

如果我们始终如一地以一种自信的心态来生活，那么我们的生活中将充满阳光。

任何时候，都不要急于否定自己

英国著名政治改革家塞缪尔·斯迈尔斯认为，一个人必须养成肯定事物的习惯。如果不能做到这点，即使潜在意识能产生更好的作用，仍旧无法实现愿望。与肯定性的思考相对的，就是否定性的思考，一个人如果习惯了否定性的思考，那么他看什么都是消极的。

人类的思考容易向否定的方向发展，所以肯定思考的价值愈发重要。如果一个人经常抱着否定想法，那他必然无法期望理想人生的降临。习惯用否定思维思考的人，他们往往对自己缺乏自信，他们经常否定自己，他们老是认为"凡事我都做不好"，"人生毫无意义可言，整个世界只是黑暗"，"过去屡屡失败，这次也必然失败"，"没有人肯和我合作"，"我是一个没什么能力和特长的人"……抱着这种想法，他们的生活往往不快乐。

当我们问及此种想法为何产生，得到的回答多半是："我本来就是这样，我对我自己也没什么信心。"尤其是忧郁者，他们会异口同声地说："我也拿自己没办法。"然而，换一个角度去想，现实并不如你所想象的那么糟。

肯定了自我，有了乐观而积极的想法，我们才会找到新的人生方向和意义。诸如失恋、失业之类的残酷事实，有时会不可避免地发生，但千万不要因此而绝望地否定自己，从此就一蹶不振。只要我们肯定自己的能力，相信自己还可以继续生活下去，就没什么可以阻挡我们前进的。

特别是当我们处于绝望的状态时，我们更应肯定自己，告诉自己凡事只有尝试过了才知道结果，不要在一切行动还没开始之前，就先下结论断定自己不行。

两兄弟相伴去遥远的地方寻找人生的幸福和快乐。他们一路上风餐露宿，困难重重，在即将到达目的地的时候，遇到了一条风急浪高的大河，而河的彼岸就是幸福和快乐的天堂。关于如何渡过这条河，两个人产生了不同的意见，哥哥建议采伐附近的树木造成一条木船渡过河去，弟弟则认为无论哪种办法都不可能渡得了这条河，只能等这条河流干了，才能走过去。

于是，建议造船的哥哥每天砍伐树木，辛苦而积极地制造船只，同时学会了游泳，而弟弟则每天只知道消极等待，等待河里的水快快干掉。直到有一天，已经造好船的哥哥准备扬帆的时候，弟弟还在讥笑他的愚蠢。

不过，哥哥并不生气，临走前只对弟弟说了一句话："你没有去做这件事，怎么知道自己不行？"

能想到等河水流干了再过河，这确实是一个"伟大"的创意，可惜这是个注定失败的创意。这条大河终究没有干枯掉，而造船的哥哥经过一番风浪最终到达彼岸。两人后来在这条河的两岸定居了下来，也都有了自己的子孙后代。河的一边叫幸福和快乐的沃土，生活着一群自信的人；河的另一边叫失败和失落的荒地，生活着一群不断否定自我的人。

在我们的身边经常听到这样的声音，"我不行"、"我不能"。你真的不能吗？你真的不行吗？不一定。你没去尝试，你怎么知道自己不行？

经常把"我不行"、"我不能"挂在嘴边，是一种愚蠢的做法。因为如果我们常常说自己不行，就相当于给了自己一个消极的心理暗示。你的意识会接受并慢慢记住这个暗示，时间长了，你真的就会朝着这个方向发展。

所以，你永远不要说"我不行"、"我不能"、"我一定做不到"之类的话。记住一个吸引力法则：你想美好的事情，美好的事情就真的会跟随而来；你想消极的事情，事情就会朝着消极的方向发展。因此，无论什么时候，无论做任何事情前，我们都不要急于否定自己。

自卑型人格的人认为自己不配得到幸福

自卑型人格的人时常会觉得自己不配得到幸福。外貌平凡的女孩子认为自己不配得到爱情的甜蜜，因为她们看到"白马王子"身边依偎着的常常是美丽的女子；经济拮据的小伙子认为自己不配得到爱情的幸福，因为在他们眼中，好女孩都需要一个有钱的男人来作为依靠。越是有这种与事实不太相符的想法，自卑者心中的自卑感就越是强烈，而强烈的自卑感也直接降低了他们捕捉幸福的敏锐程度。

尖嘴猴腮的狸猫与人见人爱的波斯猫同样都能吃到鲜美的鱼肉，因为前者是靠着自己的捕鱼本领获得的美食，而后者的盘中美味则是主人所施舍的。狸猫知道自己不会被人收养为宠物，所以它练就了一身求生的本领，而养尊处优的波斯猫则不需要为生存而有过多的担忧。我们能说狸猫是不幸福的吗？它根本没有因自己的相貌而自卑，它同样在日光的沐浴下梳理自己的毛发，在幽静的山涧饮用甘甜的露水，自由自在地享受生命的美好，而被人们饲养在家中的波斯猫能够享受大自然给予的恩赐吗？

玛丽从小就认为自己长得不漂亮，她对自己的外表非常自卑，因此平时走路也是低着头的。有一次，玛丽在一家饰品店买了一只绿色的蝴蝶结，因为老板不停地赞美她戴上这个蝴蝶结非常漂亮。玛丽虽然对自己的长相不自信，但是听了老板的赞美后心里还是非常高兴的，她决定买下了。因为想要大家都看看她漂亮的蝴蝶结，所以走出饰品店的时候，玛丽不由得昂起了头，就连跨出门槛时与别人撞了一下她都没有在意。

出了饰品店后，玛丽往学校的方向去了。她走进校门，迎面碰到了自己的老师，老师边拍着玛丽的肩膀边对她说："玛丽，你抬起头来真漂亮！"走到教室之后，又有很多同学都夸她好看，玛丽觉得一定是蝴蝶结的功劳。回到家后玛丽走到镜子旁边，想要看看自己戴上蝴蝶结后究竟有多么好看，然而让她惊讶的是，蝴蝶结根本就不在她的头上——一定是走出饰品店的时候与别人撞掉了。不过玛丽知道，她以后再也不需要蝴蝶结了。

其实，很多人的"自卑"标签完全是自己给自己贴上去的，就像以前的小玛丽一样。幸运的是，小玛丽因为一个绿色的蝴蝶结而摆脱了自卑的心理，而其他自卑的人或许还在受着自我的折磨。

没有天生的自卑者，将痛苦作为激励自己前进的动力，在努力的工作与学习中将痛苦化作云烟，让它随风而去，这不是一种很完美的方法吗？

第五章

告别完美型人格，人生不值得与1%的缺憾对抗

你是典型的完美主义者吗？

在这个时代，拖延症似乎是最普通的"病症"。只是，那些拖延的人往往没有意识到，"完美主义"是造成很多人拖延的根源。

心理学家认为，一个人如果对自己和他人要求过高，总是追求完美，这种性格就是完美主义的体现。完美主义的性格通常分为三种类型：一是"要求自我型"，他们对自己总是高标准、严要求，不允许自己犯任何错误，表现为固执、刻板。二是"要求他人型"，给他人设定一个很高的标准，不允许别人犯错误，并且对他人极为挑剔。三是"被人要求型"，他们追求完美的动力是为了满足其他人的期望，总是感觉自己被期待着，害怕别人对自己感到失望，因此时刻都要保持完美，一旦受到挫折就感到痛苦，不能接受。

在这三种类型中，"要求自我型"在生活中最为常见。一般来讲，不能容忍美丽的事物有所缺憾，是一种正常心态。只不过，我们身边不乏因为完美主义导致不断拖延的人，他们追求完美，但不断拖延做事的节奏，最终得到不完美的结果。

小颖看周围不少同学都会游泳，于是在刚入夏时就决定学游泳。她认为，学习游泳必须做好相应的功课。她先在网上搜索和浏览"如何挑选游泳装备"之类的内容，然后开始网上购物，挑了好几个晚上，终于买好了泳衣、泳镜、救生圈等装备。

此外，她还在网上看了游泳教学的视频，自己跟着视频练习游泳的姿势。然后她跑了自家附近几个游泳馆咨询学习游泳的一些情况……

等所有的一切都准备充分，认为自己真正可以开始学游泳时，夏天已经过去了，于是学习游泳不得不拖延下去。而她做了漫长一夏的准备，一次也没有下过水，买的那些装备一次也没有用，这些装备恐怕得等到下一个夏天了。

为什么小颖如此想学游泳，却一直无法下水，迟迟无法开始呢？这很大程度上因为完美主义在作祟。

在完美主义者的眼中，做什么事情都不愿意匆匆忙忙地开始，总是要准备很长时间，要求万事俱备。比如，老师让学生写一篇论文，他会去图书馆找很多资料，花很多时间认真看这些资料，就是一直无法开始写。等他觉得差不多可以写论文时，留给他完成论文的时间已经所剩无几，于是他只能草草写完或干脆拖延下去。

《艺术家之路》的作者茱莉亚·卡梅隆说："完美主义其实是导致你止步不前的障碍。它是一个怪圈——一个强迫你在所写所画所做的细节里不能自拔，丧失全局观念又使人精疲力竭的封闭式系统。"

的确，很多完美主义者在追求完美期间一直处于压力下，到了后期为了赶进度根本无法保证质量甚至无法完成事情，完美主义者甚至给人一种办事能力不足的感觉。

完美主义根本就不是什么好事。丘吉尔说："完美主义让人瘫痪。"苛求完美恰恰是人们寻求幸福的最大障碍！要克服自己的完美主义倾向，可以采用以下几个步骤来管理自己的时间和期望值。

第一步，接受一个现实——我无法面面俱到。

第二步，去问自己，自己做到什么样子就算"足够好了"。

比如说，在一个完美的世界里，"我"可以每天工作 12 个小时以上，而在真实世界里，朝九晚五的工作时间对"我"来说就已经足够好了。在一个完美世界里，"我"可以每天一次、每次花 90 分钟练习瑜伽，并且会花差不多的时间去健身房，而在真实世界里，每周两次、每次 1 小时练瑜伽，加上每周三次、每次 30 分钟的健身房锻炼，已经足够好了。采用"足够好了"的思维方式后，个人压力会减轻许多，而拖延状况也会大大缓解。

完美主义者试图在每个方面都达到完美，最终只会导致妥协和挫败。在现实中的时间限制下，我们确实无法什么都做到完美。

拒绝完美：做一个普通人

车尔尼雪夫斯基说："既然太阳上也有黑点，人世间的事情就更不可能没有缺陷。"世界上没有完美无瑕的东西，实际上，我们也没必要对自己太苛刻，不要因为追求完美而耽误了机会。

在生活中，总有一些人过于追求完美，用过高的眼光和标准苛求自己，衡量他人。无论做什么，都达不到自己的要求，进而苛责烦闷，陷入极度的苦恼中。事实上，"完美"是人类最大的错觉，完美主义者追求的完美，往往是不可得的。

"断臂的维纳斯"一直被认为是迄今发现的希腊女性雕像中最美的一尊。美丽的椭圆形脸庞，希腊式挺直的鼻梁，饱满的前额和丰满的下巴，平静的面容，无不带给人美的享受。

她那微微扭转的姿势，和谐而优美的螺旋形上升的体态，富有音乐的韵律感，充满了巨大的魅力。

作品中维纳斯的腿被富有表现力的衣褶所遮盖，仅露出脚趾，显得厚重稳定，更衬托出了上身的美。她的表情和身姿是那样庄严而端庄，然而又是那样优美，流露出女性的柔美和妩媚。

令人惋惜的是，这么美丽的雕像居然没有双臂。于是，修复原作的双臂成了艺术家、历史学家最感兴趣的课题之一。当时最典型的几种方案是：

左手持苹果、搁在台座上，右手挽住下滑的腰布；双手拿着胜利花环；右手捧鸽子，左手持苹果，并放在台座上让鸽子啄食；右手抓住将要滑落的腰布，左手握着一束头发，正待入浴；与战神站在一起，右手握着他的右腕，左手搭在他的肩上……但是，只要有一种方案出现，就会有无数反驳的道理。最终得出的结论是，保持断臂反而是最完美的形象。

就像维纳斯的雕像一样，很多事情因为不完美而变得更有深意。不少人总是抱有一种力求完美的心态，可是人生根本没有什么所谓"十全十美"的事情，你又何必把自己折腾得这么累？凡事尽力而为即可。

生活中，很多人忙忙碌碌一辈子，到最后却一事无成，究其原因，就在于他们做事非要等到所有条件都具备时才肯动手去做，然而所有的事情没有一件是绝对完美的。所以，这些人往往就在等待完美中耗尽了他永远无法完美的一生。在这个世界上，如果你每做一件事都要求务必完美无缺，便会因心理负担的增加而不快乐。

实际上，世界上根本没有绝对的完美，人生的缺憾才是一种常态。而且，凡事都要求尽善尽美，会给我们的生活增加很多负担，甚至会影响我们生活和工作的状态。

"金无足赤，人无完人"，我们都应该认识到自己的不完美。即使是全世界最出色的足球运动员，十次传球，也有失误；最棒的股票投资专家，也有马失前蹄的时候。既然连最优秀的人做自己最擅长的工作都不能尽善尽美，那么一个普通的人为什么一定要追求虚无缥缈的"完美"呢？

拥有不断进取的心和完善自己的信念是应提倡的，但苛求自己是不必要的。人都会有缺点，这就是本来的生命状态。我们的成长就是克服这些缺点，并用尽可能平和的心态去看待这一过程。

没有瑕疵的事物是不存在的，盲目地追求完美的境界只能是劳而无功。因此，在生活中，我们不必为了一件事未做到尽善尽美的程度而自怨自艾。

放弃对完美的追求，凡事不必尽善尽美，我们才能看到丰富多彩的生活图景，才能拥有完整的人生。

只要你知道这世界上没有什么会达到"完美"的境地，你就不必设定荒谬的完美标准来为难自己。你只要尽自己最大的努力开始去做每件事，就已经是很大的成功了。

缓解自怨自艾，不让自己的不满升级

保持一份快乐的心情，因为它可以使一碟菜成为盛宴。一个人老是重复自己的不幸，一方面让人觉得你太悲观；另一方面，如果一个人老是诉说自己的不幸，时间一长，所有的听众也会厌烦，更何况这都是些负面的情绪，更没有人愿意听你诉说。对抱怨者自己来说，老是抱怨自己的不幸，只会加重自己对自己的不满。

有一位哲学家，当他是单身汉的时候，和几个朋友一起住在一间小屋里。尽管生活非常不便，但是，他一天到晚总是乐呵呵的。

有人问他："那么多人挤在一起，连转个身都困难，有什么可乐的？"

哲学家说："朋友们在一块儿，随时都可以交换思想、交流感情，这难道不值得高兴吗？"

过了一段时间，朋友们一个个相继成家了，先后搬了出去。屋子里只剩下了哲学家一个人，但是每天他仍然很快活。

那人又问："你一个人孤孤单单的，有什么好高兴的？"

"我有很多书啊！一本书就是一个老师。和这么多老师在一起，时时刻刻都可以向它们请教，这怎能不令人高兴呢？"

几年后，哲学家也成了家，搬进了一座大楼里。这座大楼有七层，他的家在最底层。底层的环境是最差的，楼上的人老是往下面泼污水，丢死老鼠、破鞋子、臭袜子和杂七杂八的脏东西。哲学家还是一副自得其乐的样子。有人好奇地问："你住这样的屋子，也感到高兴吗？"

"是呀！你不知道住一楼有多少妙处啊！比如，进门就是家，不用爬很高的楼梯；搬东西方便，不必费很大的劲儿；朋友来访容易，用不着一层楼一层楼地去叩门询问，特别让我满意的是，可以在空地上养些花，种些菜。其中的乐趣数之不尽啊！"

后来，那人遇到哲学家的学生，问道："你的老师总是那么快快乐乐，可我却感到，他每次所处的环境并不那么好呀。"

学生笑着说："决定一个人快乐与否，不是在于环境，而在于心境。"

遇到困难不抱怨而是去找到解决问题的方法才是聪明人的做法，只知道抱怨自己所遭遇的苦难而丧失斗志的人，就会像下面的故事中说的"与墓地里的死人没有什么区别"。

有一天，乔治向朋友抱怨他不如意的近况，他的朋友问他："为什么受了那些冲击，你就消沉下去了呢？""苦难太多了，倒霉的事接二连三，真是够晦气的了！我再也受不了了。"乔治愤愤地述说自己遭遇的苦难。他的朋友听完后说道："乔治，我很希望能帮助你，能不能告诉我，我应该怎么做？"乔治说："真的吗？那就帮我赶走苦难吧！如果能做到，我们将会成为永远的好朋友。"他的朋友对乔治所处的境遇仔细思考后，终于想到了一个解决方法。朋友问他："请你诚实回答，你刚才说希望赶走大部分的苦难，事实上，你是想最好就在这里把全部的苦难都赶走吧？""不错，我已经到了忍耐的极限了。"他郁闷地回答道。"我相信可以帮得上忙。前几天我到一个地方去办事，那里的负责人说他们那里有十万人，但没有一个人有苦恼。"乔治的眼睛里亮了起来："那正是我希望的地方，请带我去那里吧！"朋友回答说："不过，那里是墓地。"

在现实生活中，自怨自艾的情绪就像一粒种子，会在你的能量场中不断发芽壮大，直到产生裂痕为止。要想治愈，需要你有极为宽广的胸襟。

如果你对自己的不满有所升级，是时候安抚一下你伤痕累累的心灵了。

身体有缺陷依然可以有完整的人生

每个人的生命都是完整的。你的身体可能有缺陷，但你仍然可以拥有一个完整的人生和幸福的生活。

1967 年的夏天，对美国跳水运动员乔妮来说是一段伤心的日子，她在一次跳水事故中身负重伤，全身瘫痪，只剩下脖子以上的部分可以活动。

乔妮哭了，她躺在病床上睡不着。她怎么也摆脱不了那场噩梦，跳板为什么会滑？为什么她会恰好在那时跳下？不论家里人怎样劝慰她，亲戚朋友如何安慰她，她总认为命运对她实在不公。出院后，她叫家人把她推到跳水池旁。她注视着那蓝盈盈的水波，仰望那高高的跳台。她再也不能站立在那洁白的跳板上了，那蓝盈盈的水波再也不会溅起朵朵美丽的水花拥抱她了。她又哭了起来。

她曾经绝望过。但现在，她拒绝了死神的召唤，开始冷静思索人生的意义和生命的价值。她借来许多介绍前人如何成才的书籍，一本一本认真地读了起来。她虽然双目健全，但读书也是很艰难的，只能靠嘴衔块小竹片去翻书，劳累、伤痛常常迫使她停下来。休息片刻后，她又坚持读下去。通过大量的阅读，她终于领悟到：我是残疾了，但许多人残疾了后，却在另外一条道路上获得了成功，他们有的成了作家，有的创造了盲文，有的创造出美妙的音乐，我为什么不能？于是，她想到了自己中学时代曾喜欢画画。我为什么不能在画画上有所成就呢？这位纤弱的姑娘变得坚强起来了，变得自信起来了。她捡起了中学时代曾经用过的画笔，用嘴衔着，练习开了。

这是一个常人难以想象的艰辛过程。家人担心她累坏了，于是纷纷劝阻她："乔妮，别那么死心眼了，哪有用嘴画画的，我们会养活你的。"可是，他们的话反而激起了她学画的决心，"我怎么能让家人养我一辈子呢？"她更加刻苦了，常常累得头晕目眩，甚至有时委屈的泪水把画纸也弄湿了。为了积累素材，她还常常乘车外出，拜访艺术大师。好些年过去了，她的辛勤劳动没有白费，她的一幅风景油画在一次画展上展出后，得到了美术界的好评。

后来，乔妮决心学文学。她的家人及朋友们又劝她了："乔妮，你绘画已经很不错了，还学什么文学，那会更苦了你自己的。"她没有说话，她想起一家刊物曾向她约稿，要谈谈自己学绘画的经过和感受，她用了很大力气，可稿子还是没有完成，这件事对她刺激太大了，她深感自己写作水平差，必须一步一个脚印地去学习。

这是一条通向光荣和梦想的荆棘路，虽然艰辛，但乔妮仿佛看到艺术的桂冠在前面熠熠闪光，等待她去摘取。

是的，这是一个很美的梦，乔妮要圆这个梦。终于，经过许多艰辛的岁月，这个美丽的梦终于成了现实。1976年，她的自传《乔妮》出版了，轰动了文坛，她收到了数以万计的热情洋溢的信。两年以后，她又出版了《再前进一步》一书，该书以作者的亲身经历，告诉残疾人应该怎样战胜病痛，立志成才。后来，这本书被搬上了银幕，影片的主角就由她自己扮演，她成了青年们的偶像，成了千千万万个青年自强不息、奋进不止的榜样。

乔妮是好样的，她用自己的行为向我们说明了这样一个道理：我们的生命没有残缺，无论你面临怎样的困厄，都阻止不了你实现自己的人生价值，相反，它们会成为你人生道路中一笔宝贵的精神财富。

生命给了什么，我们就享受什么

张爱玲曾说："生命是一袭华美的袍，爬满了虱子。"真正懂得生活的人不会在意袍上的虱子，他会去享受它的华美，让生命自然地绽放，从而忘却瘙痒。生命其实已经给了我们很多东西，没有纵横政界的权势，你至少可以有充足的时间徜徉在家的温暖里；没有锦衣玉食，粗茶淡饭却会给你带来真正的健康；没有高级的轿车，你还可以用双脚感受大地的柔软。生命给了什么，就享受什么，这才是人生的大境界。

一个人有一张名贵的由黑檀木制成的弓，这张弓射得又远又准，因此倍受珍惜。有一次，他把弓捧在掌心仔细把玩时，突然觉得它还有些不完美，便说道："你稍微有些笨重！外观还不够漂亮，太可惜了！——不过这是可以补救的！"他思忖很久，终于找到了补救的办法："我去请最优秀的艺术家为你雕一些美丽的图案。"于是他请艺术家在弓上雕了一幅完整的行猎图。"还有什么比一幅行猎图更适合这张弓的呢！"这个人充满了喜悦，非常满意，"你本应配有这种绝美的装饰，我亲爱的弓！"他一面说着，一面拉紧了弓，弓却断了。

这张弓本来是非常名贵的，不过是少了些外表的装饰显得不那么完美，这个人过度的苛求反而损坏了原本很优质的存在，弓承受不了这过度的苛责，自然就折了。生命就如这张名贵的弓，本来就具有它自身的华美和不足，但它以最实用也是最适合自己的方式存在着，如果太过于追求完美，太苛求，就会打破原本的秩序。当我们对生命抱以宽容的接受态度而不苛求什么时，它本身的意义便会显得更加丰富和真实。

沙滩上撒满了漂亮的贝壳，活像个闪亮的大毯子。我们怀着欣喜去拣拾，却发现远处的那枚总比自己手中的漂亮，于是，我们就把手中的丢弃，去找最漂亮的那枚。时间慢慢过去，潮水就要涨起来了，我们还是遗憾着没找到最漂亮的那枚，抱着宁缺毋滥的固执扔下了手里最后的那枚贝壳，最后仍是两手空空。生命的过程就像拣贝壳一样，好像最漂亮的总在后面，而我们所得到的总也不尽如人意，但是，我们不能拒绝着不接受，不然，等你走到生命的尽头时会发现两手空空、一无所有。

苛求会导致失去，追求完美也要适度。不苛求星星也光芒四射，只需它点缀黑暗天空；不苛求小草也撑起一片阴凉，只需它带来绿意；不苛求一滴水也滋润整个麦田，只需它昭示着生命的存在……"不以物喜，不以己悲"，让一切自然地来，让一切淡淡地去，生命给了我们什么，就去享受什么，平淡也好，腾达也好，快乐和忧伤抑或幸福与苦难，都坦然地去接受，用心去享受，因为每一点一滴都记录着自己的人生。

放弃不符合现实的完美标准

在印度，有一位先生娶了一个体态婀娜、面貌娟丽的太太，两人情如金石，恩恩爱爱，是人人称羡的神仙美眷。这个太太眉清目秀，性情温和，美中不足的是长了个酒糟鼻。柳眉、凤眼、樱嘴、瓜子脸，却配了个酒糟鼻，好像失职的艺术家，对于一件原本足以称傲于世间的艺术精品少雕刻了几刀，显得非常突兀怪异。

这位丈夫对于太太的鼻子终日耿耿于怀。一日出外去经商，行经一贩卖奴隶的市场，宽阔的广场上，四周人声沸腾，争相吆喝出价，抢购奴隶。广场中央站了一个身材单薄、瘦小清癯的女孩子，正以一双汪汪的泪眼，怯生生地环顾着这群如狼似虎，将决定她一生命运的大男人。这位丈夫仔细端详女孩子的容貌，突然间，他被深深地吸引住了。好极了！这女子脸上长着一个端端正正的鼻子，不计一切，买下她！

这位丈夫以高价买下了长着端正鼻子的女孩子，兴高采烈，带着女孩子日夜兼程赶回家门，想给心爱的妻子一个惊喜。到了家中，把女孩子安顿好之后，丈夫以刀子割下女孩子漂亮的鼻子，拿着血淋淋而温热的鼻子，大声疾呼：

"太太！快出来哟！看我给你买回来了最宝贵的礼物！"

"什么样贵重的礼物，让你如此大呼小叫的？"太太狐疑地应声走出来。

"喏！你看！我为你买了个端正美丽的鼻子，你戴上看看。"

丈夫说完，出其不备，抽出怀中锋锐的利刃，一刀朝太太的酒糟鼻砍去。霎时，太太的鼻梁血流如注，酒糟鼻掉落在地上。丈夫赶忙用双手把端正的鼻子嵌贴在伤口处，但是无论丈夫如何努力，那个漂亮的鼻子始终无法黏着于妻子的鼻梁。

可怜的妻子，既得不到丈夫苦心买回来的端正而美丽的鼻子，又失掉了自己那虽然丑陋，但是却货真价实的酒糟鼻，并且还受到无妄的刀刃创痛。而那位糊涂丈夫的愚昧无知，更是叫人可怜！

要求完美是件好事，但如果过头了，反而比不求完美更糟。别让完美成了苛刻，完美是种尽心做事的态度，而不是恐怖行动！

人生确有许多不完美之处，每个人都会有这样那样的缺陷。其实，没有缺憾我们便无法去衡量完美。仔细想想，缺憾其实也是一种完美。

人生就是充满缺憾的旅程。从哲学的意义上讲，人类永远不满足自己的思维、自己的生存环境、自己的生活水准。这就决定了人类不断创造、追求，从简单的发明到航天飞机，从简单的词汇到庞大的思想体系。没有缺憾就意味着圆满，绝对的圆满便意味着没有希望，没有追求便意味着停滞。人生圆满，人生便停止了追求的脚步。

生活也不可能完美无缺，也正因为有了缺憾，我们才有梦，有希望。当我们为梦想和希望而付出努力时，就已经拥有了一个完整的自我。

世上根本没有绝对的完美

人生不可能事事都如意，也不可能事事都完美。追求完美固然是一种积极的人生态度，但如果过分追求完美，而又达不到完美，就必然会产生浮躁。过分追求完美往往不但得不偿失，反而会变得毫无完美可言。

在古时候，有户人家有两个儿子。当两兄弟都成年以后，他们的父亲把他们叫到面前说："在群山深处有绝世美玉，你们都成年了，应该做探险家，去寻求那绝世之宝，找不到就不要回来。"

两兄弟次日就离家出发去了山中。

大哥是一个注重实际、不好高骛远的人。不论发现的是一块有残缺的玉，或者是一块成色一般的玉甚至是奇异的石头，他都统统装进行囊。过了几年，到了他和弟弟约定的回家时间。此时他的行囊已经满满的了，尽管没有父亲所说的绝世完美之玉，但造型各异、成色不等的众多玉石，在他看来也可以令父亲满意了。

而弟弟却两手空空，一无所得。弟弟说："你这些东西都不过是一般的珍宝，不是父亲要我们找的绝世珍品，拿回去父亲也不会满意的。我不回去，父亲说过，找不到绝世珍宝就不能回家，我要继续去更远更险的山中探寻，我一定要找到绝世美玉。"

哥哥带着他的那些东西回到了家中。父亲说："你可以开一个玉石馆或一个奇石馆，那些玉石稍一加工，都是稀世之品，那些奇石也是一笔巨大的财富。"

短短几年，哥哥的玉石馆已经享誉八方，他寻找的玉石中，有一块经过加工后成为不可多得的美玉，被国王御用制作成传国玉玺，哥哥因此也成了倾城之富。

在哥哥回来的时候，父亲听了他讲述弟弟探宝的经历后说："你弟弟不会回来了，他是一个不合格的探险家。他如果幸运，能中途醒悟，明白至美是不存在的这个道理。如果他不能早悟，便只能以付出一生为代价了。"

很多年以后，父亲的生命已经奄奄一息。哥哥对父亲说要派人去寻找弟弟。

父亲说："不要去找，如果经过了这么长的时间都不能醒悟，这样的人即便回来又能做成什么事情呢？世间没有纯美的玉，没有完美的人，没有绝对的事物，为追求这种东西而耗费生命的人，何其可笑！"

追求完美，是人类在成长过程中的一种心理特点。应该说，这没有什么不好。人类正是在这种追求中不断完善着自己，如果人只满足于现状，而失去了这种追求，那么人大概现在还只能在森林中爬行。

我们对事物总要求尽善尽美，愿意付出很大的精力去把它做到天衣无缝的地步。但是，世界上根本就不存在任何一个完美的事物。为了心中的一个梦而偏执地去追求，却全然不顾你的梦是否现实，是否可行，从而浪费掉许许多多的时间和精力，最终只能在光阴蹉跎中悔恨。世界并不完美，人生当有不足。对每个人来讲，不完美的生活是客观存在的，无须怨天尤人。给自己的心留一条退路，生活会更美好。

走出完美主义的圈套

过度要求事事完美的人，总是要求每件事情做到尽善尽美，最终给自己施加了巨大的压力。由于主客观方面的影响而造成了不完美的结果，他们便会常常自责、拖延，伴有挫败感，结果自己和周围的人苦不堪言，不胜其累。

可以说，追求完美会导致自己陷入"完美主义"的圈套中。完美主义者有的追求工作上的完美，永远只能第一，不能第二；有的追求人际关系上的完美，希望所有的人都能喜爱自己，容不得别人对自己有半点不满，也容不得别人有半点闪失和错误；有的追求生活上的完美，无论吃饭、穿衣，每个细节都要考虑再三。这些完美主义者往往既是自我嫌弃的高手，也是挑剔别人的专家。当自己不能达到理想中的完美高度时，他们很容易作茧自缚，自暴自弃。但是，完美主义一旦变成对现实的苛求，立刻就成为一种陷阱。

小李攻读博士学位已经七年了，主要问题在于他的博士论文写得拖拖拉拉，每到关键处就卡壳。但是不要小看小李的学术功底，他在读博期间完成了其他几篇很有水平的论文，还帮助好几位师弟有效解决了论文中的难点。

优秀的小李为何迟迟不能毕业呢？问题出在他的"完美主义"倾向上，他对自己的博士论文要求甚高，而对其他的论文要求没这么高。回忆起读博后几年的生活，小李真是觉得苦不堪言。当有人指出他的完美主义倾向时，他恍然大悟，他不再苛求论文完美，博士论文反而高速度高质量地完成了。

可见，完美主义有时就是个"圈套"，它可以把雄鹰变成笨鸡。这不难理解，过分追求完美的人，希望时时事事都能得到别人的肯定和夸奖，害怕被别人拒绝或否定。为了避免不完美，他们不惜多花许多时间、气力去做事情，结果降低了自己的效能。另外有些完美主义者，是思想的巨人、行动的矮子。

如果说在精神领域也有什么"挡不住的诱惑"的话，恐怕完美主义就是一个。它几乎不需要什么投资，却可以在某些特定的条件下使人聊以自慰，就好像在沙漠中追逐海市蜃楼一样。

深陷于完美主义困境会让你经历更多的苦恼、忧虑，甚至沮丧。当无法达到完美的标准时，你会感到内疚和失望，并导致逃避心理，继而产生拖延行为。因此，是时候摆脱这种令人不愉快的并没有任何好处的"完美主义"困境了。以下三个步骤可帮助你训练大脑走出完美主义困境。

第一，更加注意你的"完美主义"。当你遇到挑战或挫折的时候，花时间去反思。思考你的困境是不是完美主义带来的，如果坚持完美主义是不是会让你更加被动？

第二，思考你是如何走向"完美主义"的。是否事实真的如看起来一样糟糕？有没有夸大处境的消极面？是否能看到坚持完美主义的最终走向？

第三，用更有建设性的想法来替代"完美主义"。你如何改变你的想法让它变得更加真实？你又能如何摆脱完美主义的折磨呢？重新建立思想，以帮助你成长。

实际上，醉心于追求绝对完美的人，往往不明白"完美"是抽象的概念，而自己的生活才是具体的，有许多遗憾是无法避免的。

抛开缺陷和不完美，并接受它们作为你人生的组成部分。爱默生说："快乐，不代表身边一切都是完美的。而是意味着你已决定无视某些小瑕疵。"你不妨思考一下，自己到底需要什么？

第六章

想太多是会爆炸的，果断好过优柔寡断

评估犹豫不决的机会成本

很多人之所以错失很多机会，主要是因为他们犹犹豫豫，不行动。想一想，很多成功与失败只是因为当初的一念之差。当看着越来越多的人成功，很多人会说如果我当初做肯定会比他们更成功。不错，当初你的能力或许比他们强，你的经验或许比他们足，可是你不去做的观念决定了你今天不如他。就这样，不同的观念导致了不同的人生。

印度有一位知名的哲学家，天生有一股特殊的文人气质。某天，一个女子来敲他的门，她说："让我做你的妻子吧，错过我你将再也找不到比我更爱你的女人了。"哲学家虽然也很中意她，但仍回答说："让我考虑考虑！"

事后，哲学家用他一贯研究学问的精神，将结婚和不结婚的好坏一一列举出来比较，可是发现好坏均等，这让他不知该如何抉择。

于是，他陷入长期的苦恼之中，迟迟无法做决定。最后，他得出一个结论：人在面临抉择而无法取舍的时候，应该选择自己尚未经历过的那一个。不结婚的处境自己是清楚的，但结婚会是怎样的情况自己还不知道。因此，他应该答应那个女人的请求。

于是，哲学家来到女人的家中，对女人的父亲说："你的女儿呢？请你告诉她我考虑清楚了，我决定娶她为妻。"女人的父亲冷漠地回答："你来晚了10年，我女儿现在已经是三个孩子的妈妈了。"哲学家听了整个人近乎崩溃，他万万没有想到自己向来引以为傲的哲学头脑，最后换来的竟然是一场悔恨。此后，哲学家抑郁成疾，临死前将自己所有的著作丢入火中，只留下 6 个字作为人生的批注——如果将人生一分为二，前半段的人生哲学是"不犹豫"，后半段的人生哲学是"不后悔"。

犹豫不决和后悔是人性的弱点，这两种弱点都可以摧毁一个人的自信心，影响他的判断力。

生命对每个人而言，都只有一次，精彩与无聊都取决于你自己。生命由分分秒秒的时间构成，每一刻都是弥足珍贵的，所以要把握好当下，昨天已经过去，明天仍是未知，只有现在才是你所拥有的。

其实，有时候获得成功很简单，只要不犹豫，马上行动就可以了。所谓的运气好，就是行动的结果。只有去追求，才能抓住看似不可能的机会。安于现状、怀疑一切、惧怕失败的人，永远不可能创造出奇迹。

也许，在一开始的时候，你会觉得坚持"马上行动"这种态度很不容易，但最终你会发现这种态度会成为你个人价值的一部分。而当你体验到他人的肯定给你的工作和生活所带来的帮助时，你就会一如既往地运用这种态度。

生活中，很多人面对一个来之不易的良好机会总是拿不定主意，于是去问他人，问了 10 人有 9 人说不能做，于是放弃了。其实你不知道机遇来源于新生事物，而新生事物之所以新就是因为 90% 的人还不知道、不认识，等 90% 的人知道了就不再是新生事物。明明是一次崭新且好的机遇，当你问 10 个人，很可能 10 个人都摇头，但再过一段时间，这 10 个人点头时，这个新事物就不新了！多数人不认识时，这个新事物才潜藏"机遇"，多数人都认识时这个事物就成了"行业"。而此时你才加入，那个时候什么都晚了！

不要再等下去了，要想改变现状，要想让自己也变得成功，就马上行动起来吧。只有行动，你才能少点后悔。

做事忌优柔寡断

生活中，为了作出正确的决策，人们总是习惯于收集很多对自己有利的信息才敢做出选择。这样难免出现一个问题：当人们把自己所需要的全部信息收集全了，机会却错过了，于是人们开始后悔。为了让自己减少后悔，在这里我们不妨学会用概率论的眼光看问题。

一位30出头的女子，是一家皮尔·卡丹专卖店的老板。她来自贫穷的山区，大学毕业后放弃了回家乡工作，毅然留在省城，当过记者，摆过地摊，开过服装店。一次偶然的机会，她认识了一位皮尔·卡丹代理商，信心百倍的她东挪西借，在省城闹市区租个门面撑起了一个专卖店。创业之初，她吃住在店里，为了付那里高昂的租金，她有时一顿饭用一个大馍充饥。热情周到的服务终于让专卖店里有了络绎不绝的顾客，生意红火了，她没下过一次饭馆，未买过时尚衣服，仍过着节俭的生活。渐渐地，她口袋里的钱像滚雪球一样一天天多起来。后来，她把左右邻店兼并过来，同时还招聘了6名员工。已经成功的她不无真诚地说："都市里到处都能掘到黄金，关键是你要选择好自己的生活方式，如果你觉得自己现在命运不济，那你就应当改变一下目前的生活方式，而不应当整日只知道哀叹命运不济。"

在大多数情况下，我们都没必要认为某种选择的成功率一定是100%或0，但是要学会分析一件事情"可改变的概率"或"可能发生的概率"。对于发生概率小的事件，在做之前一定要有失败的心理准备。另一方面，也不要等到事情成功的概率达到100%时才去做，因为这时，即便做成了也没有什么值得骄傲的。

当年马来西亚要筹建一条高速公路，对外公开招标，政策优惠，但无人问津，这其中当然有原因了。所要筹建的路不长，而且车流量也不大，在常人看来毫无利益可图。

李晓华赴马来西亚考察时得到一条消息：离公路不远的地方发现了一个大油田，储量十分丰富，只不过这最后的确认工作尚未完成，这条重大新闻没有正式公布。

单就这条消息而言，不能轻易看出真假。李晓华心里明白这条消息的价值，他认为，如果油田正式开采，那这条公路的车流量可想而知，这块地皮的价值也将呈直线上升。经过周密筹划，他决定冒一回险。他投入全部资金，又以房子等财产作抵押从银行贷款，筹齐了3000万元拿下了这个项目。

李晓华这一举动，等于用身家性命做赌注，多年的积蓄分文未剩不说，房子等财产又全部拿去抵押。如果贷款到期，还不上又会怎样呢？李晓华想都不敢想，但他又不能不想，毕竟贷款期限只有半年，到期必须还本付息，如果这段时间内公路出不了手，贷款又怎能还得上呢？财产抵押后，因为没有钱，他经常吃盒饭或方便面，到外谈业务往往坐飞机经济舱，不敢打车，只坐便宜的三轮车。生活已经够苦了，但还有更可怕的精神上的压力和折磨，他每天看电视、看报纸，盼着新闻早点发布。

李晓华在痛苦中熬过了整整5个月，但那边还没有动静，李晓华的精神几近崩溃，甚至开始考虑"后事"。又过了16天，当他拿起报纸时发现他梦寐以求的消息终于公布了，这个堂堂的男子汉竟然激动得流出了眼泪。

机遇总是垂青于有准备的人，如果做事优柔寡断，前怕狼后怕虎是很难抓住机会的。"世界上没有免费的午餐"，任何人辉煌的背后都有鲜为人知的困难，成功人士的奋斗路上，都难免会走上几步险棋。但只要自己头脑中的信念明确，走几步险棋又何妨？正所谓"不经历风雨，怎么见彩虹"。

不要让怀疑的能量影响梦想

　　一个人的自信、勇气常常能够产生无穷的能量，激发他充分挖掘自身的潜力，义无反顾地朝着自己的梦想奋斗。反之，如果对自身持怀疑、否定的态度，也就抵消了自己挑战困难的勇气，消磨掉了自信，最终也就抵消了梦想成真的可能。

　　世界著名的走钢索的选手卡尔·华伦达曾说："在钢索上才是我真正的人生，其他都只是等待。"他总是以这种非常有信心的态度来走钢索，每一次都非常成功。

　　1978 年，他在波多黎各表演时从 25 米高的钢索上掉下来摔死了，令人不可思议。后来他的太太说出了真相。在表演前的 3 个月，华伦达开始怀疑自己"这次可能掉下来"。他时常问太太："万一掉下去怎么办？"

　　可见，当华伦达过分担心自己失败的时候，这种心态已经占据了他的脑海，他把精力都集中在如何避免失败，以及失败后如何处理上，导致自己无法专注于走钢索这件事。在事情尚未发生的时候，他已经在自己的内心里开始制造失败，结果使自己距离失败越来越近。

　　攻读英语专业研究生的王同，在学校期间学习非常认真刻苦，学习成绩几乎每次都是名列第一，他过硬的专业水平得到了同学、老师的一致认可。研究生毕业后，王同如愿以偿地应聘到一家外文报社工作。由于毕业于名牌大学而且成绩非常优秀，在王同刚入职的时候，单位的领导就对他寄予了很大的期望，安排他专门从事英语的口译工作。起初，几家国外的报社前来单位交流、洽谈业务，领导安排王同进行翻译。没想到，他的表现让大家颇为失望。在会议刚开始的时候，平时稳健、从容的他居然手忙脚乱，说话都语无伦次，甚至头上都冒出汗来了。领导看他非常紧张的样子，以为他身体不舒服就安排他休息，请别的同事代劳。后来，又遇到两三次这样的场面，同事们也颇为怀疑他的能力，都在暗自嘀咕他的专业水平是否属实。领导私下里悄悄地和学校的老师进行核实，老师们一致证实他的水平。领导找他谈话，希望能够发现问题的所在。原来，王同在工作后，为自己定下了很大的目标，希望自己每件事都能够做得完美无缺。而另一方面，一到关键的时候，他总是无法控制地怀疑自己的能力。明明完全有能力处理的事情，却紧张得要命。尤其是在遇到单位里的几次重要安排，他希望自己能够一展才华，同时又怀疑自己是否能够胜任，并不断在内心里强化这个念头，结果事情是越来越糟。

王同过硬的英语实力是无可否认的，他难以胜任重要场合口译任务的原因就在于过分地怀疑自己的能力。对刚刚研究生毕业的他来说，为自己定下来奋斗的目标原本是无可厚非的，但是，另一方面，他还没有学会自我心理调适，越是对自己在关键场合的表现寄予很高的期望，就越容易没有自信，反倒怀疑自己的能力能否胜任。

一个人的能量总是有限的。如果将自己的能量都耗费在怀疑自己、否定自己上，就把实现自己梦想的可能毁灭了。做任何事，不要在心里制造失败，我们要想到成功，要想办法把"一定会失败"的意念排除掉。一个人想着成功，就可能成功；想的尽是失败，就会失败。成功产生在那些有了成功意识的人身上，只要踏踏实实地用自己的行动把事情有可能出现的困难、障碍一一克服，就能让自己的梦想成为现实。

不要被保守观念束缚住手脚

思想保守的人，心不敢乱想，脚不敢乱走，凡事小心翼翼，中规中矩，虽然办事稳妥，但也不会有创造力，不懂得如何创造性地完成任务，也就不可能将工作做到卓越。

当遇到事情时，保守的人固守着老经验不放手，可事后，他们又悔恨地感叹都是老经验害了自己。

那一次，他所在的远洋海轮不幸触礁，沉没在汪洋大海里。船上包括他在内的9位船员拼死登上一座孤岛，才暂时得以幸存下来。

但接下来的情形更加糟糕。岛上除了石头，还是石头，没有任何可以用来充饥的东西。更为要命的是，在烈日的暴晒下，每个人都口渴得冒烟，水成了最珍贵的东西。

尽管四周都是水——海水，可谁都知道，海水又苦又涩又咸，饮用过后反而会更加口渴，最终会因严重脱水而死亡。现在9个人唯一的生存希望是老天爷下雨或过往船只发现他们。等啊等，没有任何下雨的迹象，天际除了海水还是一望无边的海水，没有任何船只经过这个死一般寂静的岛。渐渐地，他们支撑不下去了。

其他8名船员相继渴死，只剩下他一个。饥渴、恐惧、绝望环绕在他的四周，当他也快要渴死的时候，他实在忍受不住，跳进海水里，"咕嘟咕嘟"地喝了一肚子海水。他喝完海水，一点儿也觉不出海水的苦涩味，相反觉得这海水非常甘甜，非常解渴。他想：也许这是自己死前的幻觉吧，便静静地躺在岛上，等待死神的降临。

他睡了一觉，醒来后发现自己还活着，感到非常奇怪，于是他每天靠喝海水度日，终于等来了过往的船只。

他得以生还后，大家都很奇怪这片海水为什么是甘甜的可饮用水，后来有关专家发现，这片海下有一口地下泉。由于地下泉水不断翻涌，所以，这儿的海水实际上是可口的泉水。

"海水是咸的，根本不能饮用"，这是基本的常识，因此8名船员被渴死了。追根究底，是保守的思想害死了他们。而第9名船员在求救无望的生死之际，颠覆了传统的老经验，做出了异于常人的举动，而正是这一举动使他找到了一线生存的希望。

这个故事告诉我们：一味恪守着老经验，等待自己的一定是失败和失望。而具有创新思维的人不愿死守传统，不愿盲从他人，凡事喜欢自己动脑筋，喜欢有自己的独立见解。他们思想开放，不拘小节，他们情愿承受错误决定带来的损失，因此，具有创新思维的人脑瓜活、办法多，最能创造出好成绩。

在过去，保守或许和怯懦者追求的安稳联系在一起，也曾被人们吹捧为安全的象征，但在当今的世界，把保守主义当作信仰的人，只会因循守旧，跟着别人走路，他们是很难做出不凡的成绩的。

人类的每一次进步，都是对先前保守观念的舍弃，哥白尼舍弃了统治很久的"地心说"，才在《天体运行论》中阐明了日心说；布鲁诺接受并发展了哥白尼的日心说，通过望远镜观察天体发现太阳系只是无限宇宙中的一个天体系统，为行星三大运动定律的提出打下了基础；牛顿舍弃了认为苹果落地不足为奇的保守思想，提出了万有引力；爱因斯坦舍弃了保守，大胆突破，提出了光量子理论，奠定了量子力学的基础，随后又否定了牛顿的绝对时间和空间的理论，创立了震惊世界的相对论……因此可以这样说：真理是不断地打破保守主义的过程。

人生亦是如此。观过繁花，才能领略春的妩媚；置身郁葱，才能感知夏的清凉；走近金色的稻田，才能嗅到收获的香味；忍受了冬的寒冷，才能感知春天的温暖！抛弃保守主义的理念，你才能尝到突破自己的喜悦。你的人生，不多不少，也许就差这一步，就是艳阳高照。

只有"不行动"没有"不可能"

德谟斯忒斯是古希腊的雄辩家。有人问他雄辩术的首要之点是什么，他说："行动。""第二点呢？""行动。""第三点呢？""仍然是行动。"

行动能使人走向成功，似乎人人都知道，但当人们面临行动时，往往就会犹豫不决，畏缩不前。"语言的巨人，行动的矮子"不在少数。

有个落魄不得志的中年人每隔三两天就到教堂祈祷，而且他的祷告词几乎每次都相同。

"上帝啊，请念在我多年来侍奉您的分上，让我中一次彩票吧！阿门。"

几天后，他又垂头丧气地回到教堂，同样跪着祈祷："上帝啊，为何不让我中彩票？我愿意更谦卑地来服侍您，求您让我中一次彩票吧！阿门。"

到了最后一次，他跪着重复他的祈祷："我的上帝，为何您不垂听我的祈求？让我中彩票吧！只要一次，让我解决所有困难，我愿奉献终身，专心侍奉您——"

就在这时，圣坛上空发出一阵宏伟庄严的声音："我一直垂听你的祷告。可是——最起码，你也该先去买一张彩票吧！"

在制订一个明确的计划之后，关键是要落实在行动上，否则你到死都会像以前那样将工作无休止地拖延下去。

所以，当你有冲动要把计划付诸行动时，不要放弃。想到了就做，做到结束为止。

拿破仑·希尔在幼年时便立下大志：将来长大后，一定要成为一位名作家。

希尔的决心非常坚定，他也非常清楚，要成为名作家，一定要先拥有运用文字的娴熟技巧，所以必须先有一本好词典。可是，在他生长的穷困乡间，要有足够的零用钱去买一本好词典，几乎是不可能的事。

抱有坚定信念的希尔不接受这一事实，他竭尽所能地去积攒能获得或赚得的每一分钱，终于有一天，他存够了钱，买到了一本字数最多、内容最详尽的好词典。

希尔拿到他的词典后，第一件事便是翻到"impossible"（不可能）这个词，随即把这个词剪下来丢弃。他说："在我的词典中没有'不可能'，我的一生中也永远不会有不可能完成的事。"

"不可能"或者"我做不到"都是一种推托的借口，在工作中，只要努力，就没有"不可能"。所以，面对困难，不要轻言放弃，而要积极地寻找方法。

世界重量级拳击手杰克·登普西从12岁开始练习拳击。他将旧鸡舍改装为练习场，地上铺着旧垫子，用装着沙子和木屑的自制拳击袋练习。

有一年，见到争夺世界重量级拳王的选手是詹姆斯·杰弗里斯和杰克·约翰逊，15岁的他自言自语："不管是哪个获胜，将来我一定会把那个人击败。"

于是，他用粉笔在自制拳击袋的两面各画上詹姆斯·杰弗里斯和杰克·约翰逊的脸，每天就对着这两张脸挥拳。比赛结果是杰克·约翰逊获胜，他就将拳击袋两面都画上杰克·约翰逊的脸，以他为练拳对象。

9年后的某一天，在鸡舍中以自制拳击袋练习的他，凭着坚忍不拔的毅力，击倒了杰克·约翰逊，获得世界重量级拳王的头衔。

成功是靠行动获得的，积极行动才能创造奇迹。在工作中，积极的行动不仅可以让我们获得更多成功的机会，还可以让我们克服懒散的习惯。没有克服不了的困难，积极行动起来，一切皆有可能。

能将机遇变成现实才是最大收益

提到机会、机遇、时机时，谁都免不了心动耳热，因为大家都知道，它们与成功和幸福紧密相关。抓住了机遇，我们就可能乘风而起，攀上成功的巅峰。如果错失了机遇，我们就可能与成功擦肩而过，从而懊悔不已。可是很多时候，人们只看到了成功的一个要素——机遇，而忽略了能够将机遇变成现实中最大收益的手——行动。

她的成绩一直不太好，小学阶段她的成绩中游偏下，从未被选出参加各类竞赛；中学阶段她还是那样默默无闻，尽管挺刻苦，成绩却毫不出色。

到县一中读书时，村子里读书的只剩她一个女孩子。高中三年是最艰苦的阶段，后来，她把每月一次的放假也省了，每次都让人给她捎来饭费。尽管如此，直到最后模拟考试，她的成绩才从下游勉强挪到了中游。

凭她的成绩考本科不可能，只能考虑本市的高专。出人意料的是，她居然"骑"在了本科线上，被外省一所名不见经传的学校录取了。尽管她成了班里高考的"黑马"，但所有的人都不看好她的专业和前途。

那年与她一起上学的几个人，一个落榜后外出打工，一个考了专科，一个在本省读书，而她去了西安。

一晃大学毕业了，她找了几个月工作也没有合适的，整天和父亲去大棚浇菜。一次回家，她在街上遇到同学，觉得很不好意思，说工作不好找，打算考研，可没把握。她的英语四级考了三次才勉强通过，考研对她来说的确有难度，但同学还是敷衍说："不如试试，不行也就死心了。"

第二年春天，她居然考取了西北工业大学的研究生，很是让人吃惊。研究生应该压力比较小了，别人打工、谈恋爱，她却抱着书本啃，很多次在网上聊天时，她都说"学习很吃力，争取按时毕业"。大家都认为，凭她的智商和学习能力，要想顺利毕业肯定要下番功夫才行。

大概是别人的倦怠成就了她，毕业时她因为成绩优秀，又被保送博士。这次她真的退却了，用她的话说"太难，越读越害怕"。她的父亲非常生气，以断绝关系相要挟，"多光宗耀祖的事啊，一定要去读"。就这样，她被迫回到学校。为了早日毕业，她心无旁骛，丝毫不敢放松。

那年，她被学校推荐公费赴美留学！名额定下了，所有认识她的人都震惊了。她说申报的人很多，比自己优秀、成绩好的人也很多，为何导师最后力荐自己呢？她自己也很意外。

在国外的三年间，她很本分地做学生，勤恳地做实验，毕业时已经在国际权威杂志上发表过几篇很有分量的论文，成了业内年轻的专家。

她刚回国，就被一家德国公司以年薪 12 万美元聘走了……

人们总是为了她的意外收获而庆幸，但是他们没有看到她为了那些机会而做的充分准备。每天都在很用功地读书，一步一个脚印地走出了自己的痕迹，正是因为这些努力，才成就了她的人生，才给予了她想都不敢想的机会。

意大利文艺复兴时期有一句名言："伟大的理想只有经过忘我的斗争和牺牲才能胜利实现。"生活中，那些慨叹没有机会的人，应该赶紧行动起来了，因为只有行动了才有可能抓住机会。

行动永远是第一位的

连绵秋雨已经下了几天，在一个大院子里，有一个年轻人浑身淋得透湿，但他似乎毫无觉察，满脸怒气地指着天空，高声大骂着：

"你这该千刀万剐的老天呀！我要让你下十八层地狱！你已经连续下了几天雨了，弄得我屋也漏了，粮食也霉了，柴火也湿了，衣服也没的换了，你让我怎么活呀！我要骂你、咒你，让你不得好死……"

年轻人骂得越来越起劲，火气越来越大，但雨依旧淅淅沥沥，毫不停歇。

这时，一位智者对年轻人说：

"你站在雨中骂天，过两天，龙王一定会被你气死，再也不敢下雨了。"

"哼！他才不会生气呢，他根本听不见我在骂他，我骂他其实也没什么用！"年轻人气呼呼地说。

"既然明知没有用，为什么还在这里做蠢事呢？"

"……"年轻人无言以对。

"与其浪费力气骂天，不如为自己撑起一把雨伞。自己动手去把屋顶修好，去邻居家借些干柴，把衣服烘干、粮食烘干，好好吃上一顿饭。"智者说。

"与其浪费力气在这里骂天，不如为自己撑起一把雨伞。"智者的话对身处逆境的我们来说，不失为一句"醒世恒言"。在困境中与其哀叹命运不公，为什么不把这些精力用在改变困境的行动上呢？

坐着不动是永远也改变不了不顺现状的，同样，坐着不动也是永远做不成事业的。只有傻瓜才寄希望于天上掉馅饼。俗话说："一分耕耘，一分收获。"没有耕耘，就是没有行动，自然就不会有收获。不论是运用你的大脑，还是运用你的体力，你一定要"动"起来才行。

日本一家公司的训导口号说："如果你有智慧，请拿出智慧；如果你缺少智慧，请你流汗；如果你既缺少智慧又不愿意流汗，那么请你离开本公司。"人生在世，的确是需要"动"起来的，运用你的智慧，动用你的体力，才能创造你事业的辉煌。否则，成功对你来说永远都是海市蜃楼。

立而言不如起而行

动动嘴皮发发牢骚，对折磨来一通抱怨，对自己的能力来一些怀疑，然后对前程来一番假设和憧憬，这些谁都能做到。但是，说得再好，如果不去行动，又有什么用呢？

有一位名叫特蕾西的美国女孩，她的父亲是芝加哥有名的牙医，母亲在一所声誉很高的大学担任教授。她的家庭对她有很大的帮助和支持，她完全有机会实现自己的理想。她从念中学的时候起，就一直想当电视节目主持人。她觉得自己具有这方面的天赋，因为每当她和别人相处时，即使是生人也都愿意亲近她并和她长谈。她知道怎样从人家嘴里"掏出心里话"，她的朋友称她是"亲密的随身精神医生"。她自己常说："只要有人愿给我一次上电视主持的机会，我相信自己一定能成功。"

但是，她为达到这个理想做了些什么呢？其实什么也没有！她在等待奇迹出现，希望一下子就当上电视节目主持人。

特蕾西不切实际地期待着，结果什么奇迹也没有出现。

谁也不会请一个毫无经验的人去担任电视节目主持人，而且节目主管也没有兴趣跑到外面去搜寻"天才"。

另一个名叫露丝的女孩却实现了特蕾西的理想，成了著名的电视节目主持人。露丝之所以会成功，就是因为她知道"天下没有免费的午餐"，一切成功都要靠自己的努力去争取。她不像特蕾西那样有可依靠的经济来源，所以没有白白地等待机会出现。她白天去做工，晚上在大学的舞台艺术系上夜校。毕业之后，她开始谋职，跑遍了芝加哥每一个广播电台和电视台。但是，每个地方的人对她的答复都差不多："不是已经有几年经验的人，我们一般是不会雇用的。"

但是，她不愿意退缩，也没有等待机会，而是继续走出去寻找机会。她一连几个月仔细阅读广播电视方面的杂志，最后终于看到一则招聘广告：北达科他州有一家很小的电视台招聘一名预报天气的女孩子。

露丝是阿肯色州人，不喜欢北方。但是她希望找到一份和电视有关的工作，干什么都行！她抓住这个工作机会，动身到了北达科他州。

露丝在那里工作了两年，最后又在洛杉矶的电视台找到了一份工作。又过了五年，她终于成为梦想已久的节目主持人。

论外在条件和自身条件，特蕾西要比露丝优越得多，但因为特蕾西在10年当中，一直停留在幻想上，坐等机会，而露丝则是采取行动，最后，终于实现了理想。

在我们的一生中，永远有机遇在前方等着我们，但它们总是躲在一些角落里，需要我们用积极的心态去寻找、去发现，而不是在那儿守株待兔。

因此，要想实现梦想或改变身处困境的状况，不能靠说，只能靠做，只有行动起来，才能改变目前的一切。

果断要远远好过优柔寡断

遇事优柔寡断，拿不定主意，这是生活中很常见的。即使是在一些小事上，优柔寡断的人也会犹豫半天。

优柔寡断经常表现在以下几种人身上：缺乏自信者、很难对事情确立自己的目标者、有依赖心理者、被别人目光所左右者、缺乏训练者、家教过严者等。

遇事犹豫的人总会错过很多的机会，这不仅对其事业是一个打击，而且会严重伤害自己的自信心，最后导致生理以及心理疾病的产生。因此，人生需要一盏果断的心灯。

尤女士担任着一家著名公司的要职，一直以来，她工作很投入、很卖力，成绩突出，因此深受上级的赏识，不断被提拔并被委以新的重任。上任伊始，她就面临着许多重要的工作，有些是自己没有经历过的，但她不畏惧，非常努力地工作着。她什么事都亲力亲为，唯恐事情办不好。

即使这样，有些需要即刻作出处理的问题在她案头仍然堆积成山，这倒并不是因为她办事效率低，而是有些问题她拿不定主意，便希望放一段时间，等事态更明朗一些再作决定。许多需要解决的十万火急的问题就在她的案头沉积下来，老板和同事对她的工作都产生了异议。大家对她的评价也逐渐由赞扬转为了办事拖沓、优柔寡断。她为此深感困扰和痛苦，夜不能寐，烦躁不安，工作效率也开始下降。无疑，这种情况更加重了她的担心和恐惧，慢慢地，当面对未解决的问题时，她更加感到难以自控。

令她觉得心里不平衡的是，她办事的出发点是想再等等看，观察事情有何变化再作决定，没想到，大家的评价竟是"优柔寡断"。

她承认她从不担心会把事情搞糟，但是，有时候她会担心不能把事情做得更好。

一旦发觉自己某方面的工作有可能做得不尽如人意，她就焦虑不安、犹豫不决，久而久之，前怕狼后怕虎的状态出现了。工作初期那种"初生牛犊不怕虎"的气概不见了，事业走下坡路的苗头出现，焦虑症状产生了，一连串的生理、心理疾病也跟着产生了。

尤女士想等事态变得更明朗时才作决策，以避免作出错误的决策，原本有一定道理，但在瞬息万变的现代社会，机会是稍纵即逝的，所谓"机不可失，时不再来"就是这个道理。

对犹豫不决的人来说，以下几方面的应对策略具有重要价值：

1. 不要收集过多的信息。你应该收集一些重要的信息，但是最好限制它们的数量。收集过多的信息，需要很多时间，弄得人筋疲力尽，而且会使人迷惑。

2. 不要过多担心其他人会怎么想。他们的想法和价值观与你自己的日常决定无关。

问问你自己："这些决定是做给谁的——给他们的还是给我的？我的决定会影响他们吗？"不要想象别人会嘲笑你或者在背后议论你，就算他们真的这么做了，你也应该认识到是你在判断自己，而不是他们在判断你。

3. 敢于承担那些你必须承担的责任。既然你最终还是不得不承担这些责任，那么为什么要回避呢？承担生活给你的重担需要勇气，但是，一旦你鼓足勇气果断地承担它，你对自己的感觉会更好。

4. 别模仿你的父母。记住，他们是他们，你是你。如果他们在作决定的时候过于僵化或者有强迫现象，那是他们的生活方式，而且这种方式并不一定适合你。不要让你父母去支配你的生活，你应该自己作出决定。

5. 如果你是思想型的人，尽量运用自己人格中直觉的一面，这会让你在作决定时更加轻松和自信。

第七章
戒除『玻璃心』，
培养『钝感力』

悲伤情绪是心灵的牢房

如果你遇到了挫折，遭遇了失败，心情低落到了极点，情绪坏到了不能再坏的地步，那么请先让自己冷静下来，铺开一张纸，把自己的不快乐都列在这张清单上。当然，你还要找出一张纸，上面写上你可能得到幸福的事情，不要放过任何一个快乐的源泉，比如你长得漂亮，你的身体很健康，你的家人对你很好，等等。紧接着，你就可以对比了。这时候，你会突然发现，让你快乐的理由远远大于悲伤和难过，既然如此，你就不该再将自己放置在悲伤痛苦的阴影当中了。

赵女士的老伴半年前因病去世，她一直无法从悲伤中走出来，心里非常难受，常想起这么多年来，夫妻互相陪伴，恩恩爱爱，如今只留下自己一个人形影孤单。她整日以泪洗面，心情一直好不起来，看见什么都觉得没意思，子女们专门来陪她，她也觉得心烦，不愿出门，整日唉声叹气，有时甚至想死。

亲人去世后，亲属一定非常痛苦，情绪行为也一定与平常不同，常常会陷入沉重的悲伤中，感觉整个世界都黯淡了。这种悲伤情绪是可以理解的，但是一味地沉溺在悲伤之中，却是很不理智的行为。而且，悲伤很容易引发心衰。悲痛表现方式多种多样：既有高度紧张，又有无法释怀的抑郁和忧伤，甚至还包括愤怒与敌意。那些沉溺于悲痛的人常常不按时吃药、懒得运动，更有甚者用烟草、酒精甚至毒品来麻痹自己。在悲伤的气氛中，人体的交感神经系统分泌出大量的压力激素，使心跳加速、动脉收缩，进而导致出现心痛、气短和休克等症状。

为了自己的健康和家人的幸福，我们千万不能被悲伤情绪囚禁，成为它的囚徒。有人说："没有永久的幸福，也没有永久的不幸。"尽管在生活中，我们每个人都会遇到各种各样的挫折和不幸，而且有的人受打击的时间可以长达几年、十几年，但是让人极度讨厌的厄运也有它的"致命弱点"，那就是它不会持久存在。

人们在遭受了生活的打击之后，总是习惯抱怨自己的命不好，身边没有能够帮忙的朋友，家世也不好，没有可依靠的父母等。其实抱怨并不能解决问题，当问题发生的时候，我们一定要相信——厄运不久就会远走，转运的一天迟早会到来。

生活本身已经制造那么多问题了，如果我们又进一步在脑子里提炼出那么多不快乐，这的确是在增加心理的负荷。每天都要面对那么多无法预测的事情，还要承受自己制造的不快乐，这本身难道不是一种愚蠢的行为吗？

我们不要再强调那些自己制造不快乐的人的态度，我们来看看怎么才能停止制造不幸的过程：我们是因为想不快乐的事情，是用我们惯有的悲观情绪去想问题，所以才变得不快乐的。那么，只要我们停止再想这些问题，停止用悲观的心看待世界，就会开心得多。

其实一个人在任何时候都面临着选择快乐和不快乐两个方面，也许我们不能在任何环境下都选择快乐，但是我们必须要知道，我们在任何时候都可以进入快乐。

悲伤，只会让生命更脆弱

人的一生难免会碰到不幸，命运屡屡抛出磨难来考验我们，卓越的人排除万难接受考验，并一次一次地战胜磨难；失败的人则在磨难面前低下了头，任由自己跌入悲伤情绪的牢狱。

每个人都有属于自己的梦想，当我们学会写字之后，面对的第一篇作文通常就是《我的梦想》《我长大了做什么》之类的。每个人都是怀着欣喜的心情小心翼翼地来勾画自己心目中的梦想，在我们幼小的心里，梦想是神圣而不可侵犯的。

长大后，我们知道想实现自己的梦想，就要有胆识有胆量，要勇敢地面对挑战，做一个生活的攀登者，只有这样才能攀上人生的顶峰，欣赏到无限的风景。但是，实现梦想需要的不仅仅是勇气，还需要我们付出更多的艰辛，历经更多的磨难。这里面有白眼、冷遇、嘲讽、失败，这些对弱者来说是不能承受的，他们会选择低头走开，但对强者而言，这也是另一种幸运和动力。

女孩是个悲伤的孩子，因为小儿麻痹症，不要说像其他孩子那样欢快地跳跃奔跑，就连正常走路都做不到。寸步难行的她非常悲观和忧郁，当医生教她做一点运动，说这可能对她恢复健康有益时，她就像没有听到一般。

随着年龄的增长，她的忧郁和自卑感越来越重，甚至，她拒绝所有人的靠近。但也有个例外，邻居家那个只有一只胳膊的老人成为了她的好伙伴。老人是在一场事故中失去一只胳膊的，但老人面对自己的不幸却非常乐观。老人喜欢讲故事，而她也常喜欢听老人讲故事。

这天，她被老人用轮椅推着去附近的一所幼儿园，操场上孩子们动听的歌声吸引了他们。当一首歌唱完，老人说道："我们为他们鼓掌吧！"她吃惊地看着老人，问道："我的胳膊动不了，你只有一只胳膊，怎么鼓掌啊？"老人对她笑了笑，解开衬衣扣子，露出胸膛，然后，老人举起了手，用手掌拍起了胸膛……

那是一个初春，风中还有几分寒意，但她却突然感觉自己的身体里涌动起一股暖流。老人对她笑了笑，说："只要努力，一个巴掌一样可以拍响。你也要相信你自己，有一天你一定能站起来！"

那天晚上，女孩让父亲写了一张纸条，贴到了墙上，上面是这样的一行字："一个巴掌也能拍响。"从那之后，她开始配合医生做运动。无论多么艰难和痛苦，她都咬牙坚持着。渐渐地，她对自己的要求越来越高，她坚信自己还能取得更大的进步。她甚至在父母不在时，自己扔开拐杖，试着走路。蜕变的痛苦是牵扯到筋骨的。她坚持着，她相信老人说的话，坚信自己能够像其他孩子一样行走、奔跑。

11岁时，她终于扔掉拐杖，她又向另一个更高的目标努力着，她开始锻炼打篮球和参加田径运动。

1960年罗马奥运会女子100米决赛，当她以11秒18第一个撞线后，掌声雷动，人们都站起来为她喝彩，齐声欢呼着这个美国黑人的名字：威尔玛·鲁道夫。

那一届奥运会上，威尔玛·鲁道夫成为当时世界上跑得最快的女人，她共摘取了3枚金牌，也是第一个黑人奥运女子百米冠军。

没有任何人可以不经历磨难而轻松地获得成功。生活中，我们能够听到这样的话："你能行""做得最好""尽你全力""不退缩""总有办法""问题不在于假设，而在于它究竟怎样""没做并不意味着不能做""现在就行动"。这些都是攀登者热爱的语言。他们是真正的行动者，他们总是要求行动，追求行动的结果，他们的语言恰恰反映了他们追求的方向。

生活中，当我们遭到命运的冷遇时，不必沮丧，不必愤恨，唯有尽全力赢得成功，才是最好的答复与反击。不因幸运而故步自封，不因厄运而一蹶不振。真正的强者，善于从顺境中找到阴影，从逆境中找到光亮，时时校准自己前进的目标，人生的冷遇也可能成为你幸运的起点。

我们要记住，再悲伤的事情也会有过去的时候，再低迷的情绪也会有消失的时候，因为，我们有一颗渴望勇敢、渴望成功的心，只要我们的信念在，生命就没有理由不坚强。

不要让"情绪记忆"困扰你

情绪是有记忆的，而且情绪的记忆十分顽固。从我们很小的时候起，情绪就开始不知不觉地植根在我们心里，尤其是那些让我们痛苦的情绪，很难抹去。

不论我们孩童时代的经验如何，当我们长大后意识到当时的行为是一种不好的行为时，我们仍旧会感到羞愧和痛苦。每当你因表达真正的情感而觉得伤心或罪恶时，你已学会的对感觉感到悲伤的机制就会启动。

想想这一点：不论你表达的是哪一种情绪，有什么理由该对这种从心底深处浮现的东西觉得羞耻？为什么要担心别人看到你这么私密的一面时会作何感想？他们会因为你有这种感觉而轻视你吗？他们会让你难堪或羞辱你吗，还是他们会利用这件事来伤害你？

对男性而言，羞耻或者伤心的感觉常常源于在他人面前哭泣，或表现出脆弱的一面；对女性而言，常出现在愤怒或单恋时。不论哪种情况，这种羞愧的感觉回想起来一定印象鲜明。

魏先生在讲到自己以前的经历时，依旧还心怀愧疚：

我十几岁时，闲暇时间都待在童子军的小屋里。那间小屋离我家不远，骑脚踏车几分钟就到了。童子军总是做些有趣的事，我们每周二晚上都开会，计划下次露营、钓鱼或远足。所有人就像兄弟一样，我们在一起长达四年，虽然我们不会时时腻在一起，但关系非常密切。

我和同为副小队长的约翰特别要好，我们在初中那几年成为至交，不论上课或放学后，大部分时间都在一起。约翰是我第一个真正的密友，由于我没有兄弟，对我而言，他就像我的手足一样。

某天放学后我们在河边骑脚踏车，我还记得非常清楚，约翰告诉我，他父亲被调职到距我们所住的地方约一小时车程的另一个城镇，搬家的时间就在几个星期之后。

约翰搬家那天，我去了他家。车子开走时，我难过不已，边哭边骑着脚踏车回家。我回到家时，父亲正好在家。由于父亲是军人出身，他最不能容忍的就是我的软弱。他看到我流泪的样子不禁大发雷霆，还告诉我，男子汉大丈夫不应该在别人面前流泪，他说我不配做他的儿子。而当时我最想变成像他那样的男子汉。

由于一直想成为父亲那样的人，所以一切他不喜欢的东西，我都在努力克服着。从那之后，我一直提醒自己，眼泪是懦弱的，是不被允许的，所以，一直到今天，就算遇到再大的苦难，我都没有再流过眼泪。

情绪就是这么顽固，我们企图忘记却总是不能如愿。这里有个重要的观点：感觉永远是对的。我们也知道：感觉是正当而有价值的。但是，并不是所有感觉都来自你体验到它的当下，有些与发生在很久以前，而我们却记忆犹新的事情有关。比如上面的例子，童年时代因哭泣而感到羞耻的记忆，在这个人成年后依旧非常清晰。每当他感到难过，特别是在他人面前感到难过时，他就会觉得自己没有骨气，简直丢脸死了。为什么？这是难忘的感觉遗留下来的作用。

让我们仔细地看看，感觉是如何快速转变为羞耻的。所有强烈的感觉都有可能诱发羞愧的想法，不论何种感觉——喜或悲，你都可能因为自己有这种感觉而自我惩罚。

想要让这种情绪消失，不再持续地影响到你，唯一的方法就是面对它，感知它，而不是极力排斥，试图逃避它。

别让你的世界黯淡下来

情绪有明媚的一面，也会有阴暗的一面，面向明媚，我们可以体会生活的灿烂；面向阴暗，我们看到的只有无尽的黑暗。在每个人的生命中，总会发生各种各样的事情，或大喜或大悲，无论如何，这些事情就像我们生命中的坐标一样，它们或深或浅或明媚或黯淡的色调，构成了我们的人生画卷。

在人生的岁月里，起伏不定常常带给人们不安全感。所以，人们常常抱怨磨难，抱怨那些让我们的生活变得艰苦的事情，抱怨那些让我们的内心承受煎熬的经历。可是，人们在抱怨的时候并没有想到，这些磨难就像烈火，我们只有在经过锤炼之后，才会变得更加坚韧、更加刚强。

德国有一个名叫班纳德的人，在风风雨雨的 50 年间，他遭受了 200 多次磨难的洗礼，成为世界上最倒霉的人，但这些也使他成为世界上最坚强的人。

他出生后 14 个月，摔伤了后背；之后又从楼梯上掉下来，摔断了一只脚；再后来爬树时又摔伤了四肢；一次骑车时，忽然不知从何处刮来一阵大风，把他吹了个人仰车翻，膝盖又受了重伤；13 岁时掉进了下水道，差点窒息；一次，一辆汽车失控，把他的头撞了一个大洞，血如泉涌；又有一次，一辆垃圾车倒垃圾时将他埋在了下面；还有一次他在理发屋中坐着，突然一辆飞驰的汽车冲了进来……

他一生遭遇无数灾祸，在最为晦气的一年中，竟遇到了 17 次意外。

令人惊奇的是，老人至今仍旧健康地活着，心中充满着自信。他历经了 200 多次磨难的洗礼，还怕什么呢？

人生不可能一帆风顺，一旦困境出现，首先被摧毁的就是失去意志力和行动能力的温室花朵。经常接受磨炼的人才能创造出崭新的天地，这就是所谓的"置之死地而后生"。

人们最出色的成绩往往是在挫折中做出的。我们要有一个辩证的人生观，经常保持充足的信心和乐观的态度。挫折和磨难使我们变得聪明和成熟，正是不断从失败中汲取经验，我们才能获得最终的成功。我们要悦纳自己和他人，要能容忍不利的因素，学会自我宽慰，情绪乐观、满怀信心地去争取成功。

如果能在磨难中坚持下去，磨难实在是人生不可多得的一笔财富。有人说，不要做在树林中安睡的鸟儿，要做在雷鸣般的瀑布边也能安睡的鸟儿，就是这个道理。磨难并不可怕，只要我们学会去适应，那么磨难带来的逆境，反而会让我们拥有进取的精神和百折不挠的毅力。

我们在埋怨自己生活多磨难的同时，不妨想想这位老人的人生经历，或许还有更多多灾多难的人们，与他们相比，我们的困难和挫折算什么呢？只要我们内心足够自信与强大，生命之树就能屹立不倒。

习惯抱怨生活太苦、运气太差的人，是不是也能说一句这样的豪言壮语："我已经经历了那么多的磨难，眼下的这一点痛又算得了什么？！"

只要相信自己，就没有什么外在因素可以伤害或摧毁你，给自己多一些阳光情绪，别被挫折和痛苦击败，你的世界就一定是缤纷多彩的。

把悲伤融化

我们喝糖水，太甜了会再加点水；药太苦了，会吃颗糖化解苦味。其实，情绪也是一样，不好的情绪是可以稀释融化的。

在一座寺庙里，住着一位老和尚和一位小和尚，师徒俩整日打坐诵经，日子过得很安静。可是小和尚总觉得自己过得很不快乐，整天为了一些鸡毛蒜皮的小事唉声叹气。后来，他对师父说："师父啊！我总是烦恼，一点小事都可以让我感到悲伤，请您开示我吧！"

老和尚说："你先去集市买一袋盐。"

小和尚买回来后，老和尚吩咐道："你抓一把盐放入一杯水中，待盐溶化后，喝上一口。"小和尚喝完后，老和尚问："味道如何？"

小和尚皱着眉头答道："又咸又苦。"

然后，老和尚又带着小和尚来到湖边，吩咐道："你把剩下的盐撒进湖里，再尝尝湖水。"

弟子撒完盐，弯腰捧起湖水尝了尝。老和尚问道："什么味道？"

"纯净甜美。"小和尚答道。

"尝到咸味了吗？"老和尚又问。

"没有。"小和尚答道。

老和尚点了点头，微笑着对小和尚说道："生命中的痛苦就像盐的咸味，我们所能感受和体验的程度，取决于我们将它放在多大的容器里。"小和尚若有所悟。

老和尚所说的容器，其实就是我们的心量，它的"容量"决定了痛苦的浓淡，心量越大烦恼痛苦越轻，心量越小烦恼痛苦越重。心量小的人，容不得，忍不得，受不得，装不下大格局。有成就的人，往往也是心量宽广的人，看那些"心包太虚，量周沙界"的古圣大德，都为人类留下了丰富而宝贵的精神财富。

其实，我们每个人一生中总会遇到许多盐粒似的痛苦，它们在苍白的心底泛着清冷的白光，如果你的容器有限，就和不快乐的小和尚一样，只能尝到又咸又苦的盐水。

心量是一个可开合的容器，当我们只顾自己的悲伤情绪，目无其他的时候，它就会愈缩愈小；当我们能从自己的痛苦中走出来，站在别人的立场上考虑时，它又会慢慢舒展开来。若是把自己囚禁在自己不良情绪的牢笼中，我们永远都不会再有快乐的日子了。

心量是大还是小，在于自己愿不愿意敞开。一念之差，心的格局便不一样，它可以大如宇宙，也可以小如微尘。我们的心，要和海一样，任何大江小溪都能容纳；要和云一样，天涯海角都愿遨游；要和山一样，任何飞禽走兽都不排拒；要和路一样，任何脚印车辙都能承担。这样，我们才不会被痛苦情绪缠住，难以逃脱。

把心打开吧，让清新的风吹进心里，把悲伤稀释、融化，我们就可以拥有一个既快乐又轻松的人生。

远离抑郁型人格，重获幸福

伤痛的背面藏着一份幸福，这听起来像是一句谎言，就像是在说"丢了钱就意味着挣了钱"一样。钱为什么会丢呢？因为你能挣，不然，你连丢的运气都没有。伤痛也是如此，你感知到了伤痛，说明你还有幸福感，没有幸福的对比，你又如何知道伤痛呢？你渴望幸福，是因为伤痛给了你渴望的动力。这么一想，你是不是真要感谢那些生活中的不如意了呢？

很久以前，在意大利的庞贝古城里，有一个叫利亚的卖花女孩。她自小双目失明，但并不自怨自艾，也没有垂头丧气地把自己关在家里，而是像常人一样靠劳动自食其力。

不久，一场毁灭性的灾难降临到了庞贝城。没有任何预兆的维苏威火山突然爆发，数亿吨的火山灰和灼热的岩浆顷刻间把庞贝城给吞没了。

整座城市被笼罩在浓烟和尘埃中，漆黑如无星的午夜。惊慌失措的居民跌来碰去寻找出路，却无法找到。许多人来不及逃脱，被活活埋葬；有些人设法躲入地窖，但因熔岩和火山灰层的覆盖而窒息，最终也未能幸免。城中 2 万多居民大部分逃到了别处，但仍有两千多人遇难。由于盲女利亚这些年走街串巷地卖花，她的不幸这时反而成了她的大幸。她靠着自己常年在黑暗中生活锻炼出的灵敏的触觉和听觉找到了生路，而且还救了许多人。

在这样大的灾难面前，她不幸的残疾，成为她的财富。

人生在世，遇到挫折是在所难免的，生活中谁都难免遭遇到挫折，只要我们建立信心，不陷进悲伤的情绪中，向着前方继续努力，肯定会有"柳暗花明又一村"的新景象。

人们都知道悲伤情绪对健康是很不利的，可是有时却无法摆脱这些不利因素的影响。以下几种方法，可以帮助你摆脱这种情绪。

1. 运动

运动能使你忘却悲伤，恢复信心。运动促使人全身肌肉紧张，使身体中的内分泌激素改变，减少大脑皮层疲劳，减轻大脑和心脏在代谢方面的过度负担，提高植物性神经系统的能力。

2. 变换角度想问题

情绪不好实质上都是由于思维方法不对。比如，在街道离你不远处遇见一个朋友，他没有跟你说话或打招呼，你就以为是他不再理你了。但你可以反过来想："他可能没看见我。""他可能正埋头想自己的事情。"具体办法是，每天自己注意自己情绪的变化，可以把一些问题记下来，把自己不好的情绪起因尽量写在第一部分，在第二部分写上完全相反的意见，并努力在内心中默想第二部分是正确的，第一部分的原因绝大部分可能是由自己主观臆断造成的。

3. 扩大社会交往

有人说，"朋友是最好的药"。研究表明，一个人得到别人的帮助后一般也愿意帮助别人、互相帮助是一种高尚的品德，也是最使人快乐的事。长期和好朋友们在一起，使人愉快甚至可以使人长寿。

我们为什么很容易悲伤，又很难走出悲伤情绪。是因为在生活中，我们往往看到的只是事物其中的一个侧面，这个侧面让人痛苦。但痛苦却可以转化。蚌因身体内嵌入一粒沙，受到的刺激开始促使其分泌一种物质来包裹沙粒，长此以往，就会形成一颗晶莹的珍珠。哪粒珍珠不是由痛苦孕育而成？任何不幸、失败与损失，都有可能成为对我们有利的因素。

因此，我们要记住，当悲伤情绪袭击你的时候，一定不要任由自己往里陷，这样，只会加重悲伤情绪的压力，令它很难缓解过来，我们要做的是，多看看另外一面，或许另一面会有一个出口等着你呢。

"钝感力"：面对挫折不过度敏感

"钝感力"一词源自日本，日本著名作家渡边淳一在《钝感力》一书中首次提出。按照渡边淳一的解释，钝感力可直译为"迟钝的力量"，即从容面对生活中的挫折和伤痛，坚定地朝着自己的方向前进，它是"赢得美好生活的手段和智慧"。其实钝感力的实质，正是一种不焦虑，以忍图强的处世方式。钝感不等于迟钝，它强调的是对周遭事务不过度敏感，沉住气，不骄不躁，集中力量，专注目标的生存智慧。

钝感力是立身处世不可或缺的品质。我们也许都有这样的体会：同样的失误，同样的苛责，有的人感觉痛不欲生，以致影响事业和生活；有的人却失落一阵，很快就恢复常态，天塌下来依然故我，他的事业、生活没有受到多大困扰，依然运行在正常的轨道之上。许多研究发现，企业中最优秀的员工往往不是最聪明的，也不一定是最能干的，但他们都有一个共同点：他们能够以最合适的状态及心境应对一切变化。在与公司共同发展的过程中，无论是逆境或顺境，表扬或批评，都无法轻易动摇他们对于自我价值的判断以及坚持到底的决心。很多时候，他们是同事眼中冥顽不化的愚笨者，是别人眼中反应迟钝的平庸者，但经过许多次的考验之后，这些"迟钝者"却往往以其坚忍不拔的精神最终获得管理者的赏识，成功实现晋升的梦想。

百荣集团是所在行业的知名企业，在声名远播的同时，集团面临的内外压力也是与日俱增：一方面竞争对手步步紧逼，不断抢占市场份额；另一方面，集团内部营销体系及相应的制度都有些混乱，区域市场的管理出现许多漏洞。张智与刘明都是百荣集团刚引入的高级营销人才。他们出任公司的营销部经理，分管不同的市场，共同向总经理及董事会汇报。

从工作背景来看，两个人不分伯仲：毕业于名牌大学，都曾任职于著名外企，具有较强的能力和丰富的经验，并且干劲十足。

在正式接管之后，两个人做的第一件事就是对自己所负责的区域进行大刀阔斧的改革，并引入外资企业一套成熟的制度进行实践。虽然职业背景非常相似，但张智与刘明两人的工作风格却大相径庭。张智做事雷厉风行，并且说话直言不讳。他的洞察力与市场判断力让许多下属颇为佩服。而刘明却憨厚随和，性格不温不火，做事从不激进。许多人都认为张智将会比刘明更能做出成绩。

由于张智与刘明对区域市场进行了改革，触及了公司中诸多人的利益，在他们上任几个月后，一些员工产生抵触情绪，各种非议纷至沓来，更有人写匿名信编造各种借口举报他们。张智与刘明都面临着巨大压力。

张智的性格急躁，对于这些无中生有的指责表现激烈，同时对于公司管理层的问询又表现出极大的反感，认为领导层应该给自己充分的信任与支持，而不能以这些莫须有的指责扰乱自己的情绪。为了实现既定目标，张智不断向区域经理下达死命令，不断地开会进行督促。一旦某一项任务没有完成，张智会怒发冲冠，并施以重罚，警告团队必须如期完成。张智的情绪化表现非常明显。他心情好时可以与团队打成一片，但当他情绪低落时，整天阴沉不语，经常为一点小事发怒训人，让下属根本不敢与他沟通。

刘明的表现则平静得多。虽然也肩负重担，但他有条不紊。无论是任务布置还是工作推进，无论是取得成绩还是遇到障碍，他都能够心平气和地与团队共同商讨对策。而对于各种各样的非议与批评，刘明充耳不闻，依然淡定自如，他似乎并不太在意别人的评头论足，只是一心走自己的路。更令下属感激的是，由于某区域经理的失误，导致业绩下滑，整个团队受到董事会严厉批评之时，刘明却一个人扛住压力，耐心向董事会解释其中原因，并阐述接下来的应对措施以及未来的发展前景，从而取得了谅解。

一年半过去了，张智与刘明都以各自的方式顺利完成了向董事会承诺的目标。公司管理层决定提拔两个人中的一个出任营销总经理。多数员工支持刘明晋升为营销总经理，原因很简单，虽然张智的能干让人佩服，但刘明的"钝"让人更有持久的信心。总经理的评价则是：张智是个将才，但刘明是个帅才。敏于心，钝于外，这就是我们所期望的稳健型领导者。

如果说敏感力是一种外在的洞察力，那么钝感力则是一种内在的坚持力。相对于洞察力，坚持力是一种更持久的耐力。现代社会的竞争越来越激烈，在这场没有硝烟的战争中，人与人之间的"斗争"在所难免，优胜劣汰成为常态。保持一定的敏感度是必要的，但更为重要的是沉得住气，排除一切干扰，为达成功坚持不懈地努力。正是这种貌似"迟钝"的顽强意志使我们突破重重障碍，步步向前——而这，就是钝感力的力量所在。

在生活中，如果我们能多一些"钝感"，少一些"敏感"，为梦想穿上"钝感"的战衣，将使我们减少许多的杂念、忧愁、纷争，以便我们更好地将精力投入到工作中去，创造出更为优秀的业绩。

拥有乐观心态的九种方法

乐观的人无论在什么时候，都能感知到光明、美丽，他们眼睛里流露出来的光彩使整个世界都流光溢彩。在这种光彩之下，寒冷会变成温暖，痛苦会变成舒适。

具有乐观心态的人，他们的特点是把眼光盯在未来的希望上，把烦恼抛在脑后。培养乐观、豁达的性格，将会让一个人终生受益。那么，乐观心态该如何培养呢？

承认现实

有时，人们变得焦躁不安是由于碰到自己无法控制的局面。此时，你应承认现实，然后设法创造条件，使之向着有利的方向转化。此外，还可以把关注点转到别的什么事上，诸如回忆一段令人愉快的往事。

不要太挑剔

挑剔就是一种苛刻，挑剔的人看不惯社会上的一切，希望人世间的一切都符合自己的理想模式，这当然不可能。与其整天挑剔别人，弄得自己愁容满面，不如抱一颗宽容的心看世界，要知道只要心宽容了，天地就会自然宽广。

学会适时屈服

当你遇到重创时，往往变得浮躁、悲观。但是，浮躁、悲观是无济于事的。你不如冷静地承认发生的一切，放弃生活中已成为你负担的东西，终止不能达到目的的活动，并重新设计新的生活。能屈能伸才能活得自由，只要不是原则问题，我们又何必太固执。

学会微笑

微笑是世界上最美的表情。面对一个微笑着的人，我们能感觉到他的自信、友好，同时这种自信和友好也会感染我们，使我们也生出友好来，从而让彼此的关系更加亲密。恰如有人说的那样，微笑就是人际关系的润滑剂。

学会感恩

感恩与快乐紧密联系。一个懂得感恩的人更容易体会到生活的乐趣。心理学研究表明，把自己感激的事物说出来或者写出来能够提高一个人的快乐感。生活中，我们可以感激的很多，感激自己健康地活着，感激自己是自由的，感激自己还有一个美好的未来，感激过去他人赠予你的一切。一个人可感激的越多，他就越快乐。

与乐观者为伍

尽可能选择生活在积极的氛围下，选择积极乐观的朋友。避免受到不良情绪的感染，是保持乐观心态的一个重要方法。

学会释然

有些问题根本无法解决或者有些事情根本无法按照自己的意愿进行，那么就学会放手吧。很多时候，我们之所以痛苦是因为不肯放手，而事实上，当我们真正放下一件事情的时候，我们才知道，原来一切也不过如此。

做事之前，先列个小清单

很多时候，我们被工作或者一些事情缠绕得焦头烂额，事实上，事情或许并不大也并不麻烦，我们之所以忙得不可开交，很重要的一个原因是我们对自己所做的事没有一个明确的计划，因此，在做事之前，用5分钟时间把该做的事情列个清单，这样你就会感到一切尽在掌握之中。

大声宣布：今天是我的日子

列出5件你喜欢但很少做的事，例如：买件漂亮的衣服、洗一个澡、看场好电影、听优美的音乐、选一本喜欢的书、坐在麦当劳里喝着咖啡听着音乐……

乐观是一种积极的人生态度。拥有乐观心态的人对任何人或事总是抱着乐观的态度，即使遇上困难和挫折，他也会认为这是一件好事，这样的人在人生中当然常常会有意外的惊喜。

第八章

当你陷入持续的猜疑，
生活会变成一场『内心戏』

疑心从何而来

产生疑心病的原因，主要是心理成熟度低，缺乏安全感，把注意力都集中在对外界的防卫上面。他们在人际关系中缺乏对他人的信任，当然也不可能与别人沟通感情，就连正常的信息沟通也受到了严重阻碍。

心胸狭窄，疑心重，是人缘不好的重要原因。能力比他强的，他不服气；受领导器重的，他不顺眼；周围的人相互之间关系密切了，他则悻悻然，甚至连谁讲了一句精妙的俏皮话，他也会若有所思一番。一个人如果怀有这样的心态，那么在与他人交往时必会为自己设立一道厚厚的墙，以作防备。

心胸狭窄和疑心是一对孪生子，都是不良的心理。其产生的原因，与主体的自我认识和社会认识失调有关。他们既缺乏自知之明，又容不得他人。因为心理总得不到平衡，所以势必在语言行为中表现出来。

透过玻璃窗，阮经理已是第四次看见刘芸和潘红一同从办公室出来，边走边窃窃私语，他心里感觉极不舒服。

潘红三个月前因为出差补助问题当着大家的面和阮经理理论了一番，让阮经理觉得很跌面子，从此两个人就结下了疙瘩。但潘红一直业绩较好，而且阮经理也深知这件事自己并不占理，于是对她也就暂且忍着。但是他觉得潘红得寸进尺，越来越不把他这个经理放在眼里，而且有人报告说她在背后还说了他不少坏话。

刘芸是半个月前来公司做销售的，她和潘红一见如故，两个人总在一起。而最令阮经理不痛快的是，有一次他看见潘红朝自己的办公室指指点点，而刘芸还往这边看了一眼。根据种种迹象，阮经理觉得潘红一定在拉拢刘芸和自己对着干。

有一天，阮经理终于忍无可忍了，他决定开导刘芸一番，于是就把她叫到办公室里。看着坐在对面的刘芸，他换上了一副柔和的语调："刘芸啊，你刚来公司不久吧，公司里许多事你还不十分了解。作为一个经理，我想我有义务提醒你，不要被人利用，要注意一下自己的言行，更不要和别人拉帮结派。你看我们这个部门有十几个人，要争取和大家都搞好关系，其余的我就不多说了，总之你自己要注意。"刘芸听后很蒙，一时摸不着头脑。

后来刘芸通过其他同事指点，才明白阮经理原来是在疑心潘红向自己说他的坏话。刘芸觉得很委屈，因为她们俩真的是一句话也没提到过阮经理。

只是根据自己的主观臆断毫无逻辑地推测、怀疑别人的言行，从而毫无事实依据地去谴责别人，只会让自己陷入更加不堪的境地。故事中的阮经理就是如此，因为自身的敏感，看到别人悄悄议论就疑心在说自己的坏话。这样自寻烦恼的行为，反而会给自己增加不必要的精神负担。

不要困在猜疑的圈子里，要想办法摆脱错误思维的束缚。学着敞开心扉，增加心灵的透明度。猜疑往往是心灵闭锁者人为设置的心理屏障。只有敞开心扉，面对面地与被猜疑者推心置腹地交谈，让深藏在心底的疑虑来个"曝光"，才能求得彼此之间的了解沟通、增加相互信任、消除隔阂、排释误会。

过分的猜疑要不得

猜疑是破坏性极强的毒素，一个人一旦掉进猜疑的陷阱，必定处处神经过敏，事事捕风捉影，对他人失去信任，对自己也同样心生疑虑，损害正常的人际关系，影响个人的身心健康。

猜疑是一把双刃剑，不但会伤害无辜者，也会伤害自己，给自己套上无形的精神枷锁，让自己痛苦地挣扎在其中而不能自拔。有道是"疑心生暗鬼""天下本无事，庸人自扰之"。

一百多年前，拿破仑三世爱上了全世界最美丽的女人——特瓦女伯爵欧仁妮·德·蒙蒂霍，并且和她结了婚。

婚后的他们拥有财富、健康、权力、名声、爱情、尊敬，是一段十全十美的关系。拿破仑三世的爱情从未像这一次一样燃烧得这么旺盛、狂热，他觉得自己是世界上最富有的男人。

不过，这样的圣火很快就变得摇曳不定，曾经的激情也在慢慢减退，最后——只剩下了余烬。拿破仑三世可以使欧仁妮成为一位坐拥世间财富的皇后，但不论是他爱的力量也好，帝王的权力也罢，都无法阻止欧仁妮的猜疑和嫉妒。

由于欧仁妮具有强烈的猜疑心理，竟然藐视拿破仑三世的命令，无视他的权威，甚至不给他留出一点私人的时间。

当他处理国家大事的时候，她会横冲直撞地冲入他的办公室；当他讨论最重要的事务时，她却在一边干扰不休。她从来不让他单独坐在办公室里，总是担心他会跟其他的女人亲热。

情绪激烈的时候，欧仁妮甚至会不顾一切地冲进拿破仑三世的书房，不停地大声辱骂他。拿破仑三世虽然身为法国皇帝，拥有十几处华丽的皇宫，却找不到一个安静的地方。

除此之外，欧仁妮还常常跑到她姐姐那里，数落她丈夫的不好。欧仁妮这么做，究竟能够得到些什么？

莱哈特在巨著《拿破仑三世与尤金妮亚：一个帝国的悲喜剧》（尤金妮亚为欧仁妮的本名）中这样写道："于是，拿破仑三世常常在夜间，从一处小侧门溜出去，用头上的软帽盖着眼睛，在他的一位亲信的陪同之下，真的去找一位等待着他的美丽女人，再不然就出去看看巴黎这个古城，放松一下自己经常受压抑的心情。"

在生活中，我们常会碰到像欧仁妮一样猜疑心很重的女性，她们整天疑心重重、无中生有，认为别人都不可信、不可交。如看见同事背着她讲话，就会怀疑是在讲她的坏话；丈夫晚回一会儿，就怀疑他有外遇；别人脱口而出的一句话也会让她琢磨半天，让她以为里面有"潜台词"。怀疑对方时，对方的一言一行、表情神色都开始变得不正常；真相大白后，对方的一切就完全换了一副模样。是对方变了吗？不是，他还是原来的那个他，改变的是我们的眼光，是我们的心态。当你的心中不再有猜疑时，眼中的一切也就正常了。

其实，每个人都是一个独立的个体，虽然他有可能通过这样或那样的关系和你产生联系，但是你不能因为你是他的什么人而限制他的行动，禁锢他的自由。就拿爱情来说，信任是爱情的前提，两个人在一起，如果每天都在猜疑对方在做什么，是不是做了对不起自己的事情，这样的爱情终归会变成人生的包袱，失去了原来的乐趣。

要想幸福，就要远离猜疑心理。人总是被心中的"魔鬼"——多疑——折磨得烦恼丛生：因为多疑，失去了和谐幸福的家庭生活；因为多疑，失去了朋友的陪伴和帮扶；因为多疑，失去了许许多多的发展机遇；因为多疑，自己的性情变得古怪异常，最终沦落到被身边的人抛弃。保持一颗豁达的心，给对方留出空间，给他营造一个信任的天堂，你们会拥有更宽阔的世界。

猜疑是幸福生活的刽子手

一个女人一旦掉进猜疑的陷阱，必定处处神经过敏，经不得一点风吹草动，进而对丈夫失去起码的信任。现实生活中有很多这样的例子，猜疑心一旦形成，无论是哪一方，都会受到伤害，不管你怎么补救，感情始终有裂痕的存在，终究不如当初那么融洽，那么亲密无间。由此可见，信任还是不要轻易破坏的好，否则的话，那是拿自己一辈子的幸福开玩笑。

他是个爱家的男人。他支持她婚后仍保有着一份自己喜爱的工作，他纵容她周末约同事回家打通宵的麻将，他纵容她不下厨，他始终都扮演着一个好男人的典范，好得让她这个做妻子的自惭形秽。

她第一次怀疑他，是从一把钥匙开始的。她虽然不是个百分百的好老婆，但总能从他的一举一动了解他的情绪，从一个眼神了解他的心境。

他原有四把钥匙，楼下大门、家里的两扇门以及办公室门。不知从何时起，他口袋里多了一把钥匙。她曾试探过他，但他支支吾吾闪烁其词，令她更加怀疑这把钥匙的用途。她开始有意无意地电话追踪，偶尔出现在他办公室，名为接他下班实为突击检查，她开始将工作摆在第二位，周末也不再约同事回家打牌，还买了一堆烹饪食谱，想专心做个好老婆，可是一切似乎太迟了。

他愈来愈沉默，愈来愈不让她懂得他心里在想什么。他常常独自一个人在半夜醒来，坐在阳台上吹整夜的风。他变得不大说话，精神有点恍惚，有一次居然连公文包都没带就去上班。他真的变了很多，唯一没有变的是他对她的温柔和体谅，但她的猜疑始终没有稍减。在夜以继日的追查下，她终于发现那把钥匙的用途，是用来开银行保险箱的，于是她决定追查到底，她悄悄地偷出了那把钥匙来到银行。

当钥匙一寸一寸地伸进那小孔，她慌张又迫切地想知道答案，谜底即将揭晓。首先映入眼帘的是一个珠宝盒，她深深地吸了一口气，缓缓地打开盒盖，然后，心里甜甜地笑了起来："这个傻瓜。"那是他们两人第一次合照的相片。相片之后是一叠情书，算一算一共二十八封，全是她在热恋时期写给他的，那个时候甜蜜是她脸上唯一的表情。珠宝盒底下是一些有价证券，有价证券底下是份遗嘱，她心想："待会儿出去一定要骂一骂他，才三十出头立什么遗嘱。"虽然如此，她还是很在意那份遗嘱的内容。遗嘱上写着某处别墅和存款的百分之二十留给父母，存款的百分之十给大哥，有价证券的百分之三十捐给老人机构，其余所有的动产、不动产都写着一个名字。

她哭了，因为这个名字不是别人，正是她自己。所有的疑虑都烟消云散，他是爱她的，而且如此忠诚。正当她收拾起所有东西，准备回家为他准备丰盛晚餐时，突然，一个信封掉了出来，那已经退去的猜疑又萌生了，她迅速地抽出信封里的那张纸——一张诊断书，在姓名栏处她看到了先生的名字，而诊断栏上是四个比刀还锋利的字：骨癌中期。

人与人相处，信任往往被摆在首要的位置，夫妻之间更是如此。信任是维系夫妻关系的纽带，只有彼此以心换心，信任对方，才能保持夫妻感情历久弥新，达到相敬如宾、沟通无极限的至高境界。而与此相反，猜疑心理就会在心灵深处滋生，人间的爱与温情也会随之瓦解，最后受伤的只能是彼此。

实际上，在婚姻关系中，夫妻双方只有彼此尊重对方，相信对方的人品，宽容对方的缺点，把对方的命运真正与自己的命运相结合，才能获得完全的信任。也只有完全信任对方，家庭才能稳定，幸福才会随之而来。

别中了猜疑的"巫术"

猜疑是邪恶的巫术，它总会在无形当中吞噬我们的灵魂，蒙蔽我们的眼睛，夺走我们生命中很多珍贵的东西。

一个商人有一对双胞胎儿子。这对兄弟长大后，就留在父亲经营的店里帮忙，直到父亲过世，兄弟俩接手这家商店共同经营。

一切都很平顺，直到有一天店里丢失了 10 美元，从此兄弟二人的生活开始发生了变化：哥哥将 10 美元放进收银机，与客户外出办事了。当他回到店里时，突然发现收银机里面的 10 美元已经不见了！他问弟弟："你有没有看到收银机里面的 10 美元？"

弟弟予以否认。

但是哥哥对此事一直心存疑虑，咄咄逼人地追问，不肯罢休。

哥哥说："钱不会长了腿跑掉的，你一定看见了那 10 美元。"语气中隐约带有强烈的质疑意味，不久手足之间就出现了严重的隔阂。

开始双方不愿交谈，后来决定不再共事，于是在商店中间砌起了一道砖墙。

20 年过去了，敌意与痛苦与日俱增，这样的气氛也影响了双方的家庭与整个社区。

有一天，有个开着外地车的男子在哥哥的店门口停下。

他走进店里问道："您在这个店里工作多久了？"哥哥回答说他这辈子都在这店里服务。客人说："我必须要告诉您一件往事——20 年前我还是个不务正业的流浪汉，一天流浪到你们这个镇上，已经好几天没有进食了，我偷偷地从您这家店的后门溜了进来，并且将收银机里面的 10 美元取走。虽然时过境迁，但我对这件事情一直无法释怀。10 美元虽然是个小数目，但令我深受良心的谴责，我必须回到这里来请求您的原谅。"

说完原委后，这位访客很惊讶地发现店主已经热泪盈眶并哽咽地请求他："是否也能到隔壁将故事再说一次呢？"当这位陌生男子到隔壁说完故事以后，他惊愕地看到两位相貌相像的中年男子在商店门口痛哭失声、相拥而泣。

20 年的时间，误会终于被化解，兄弟之间的隔阂也因此消失。可是谁又知道，20 年猜疑的萌生，竟是因为区区的 10 美元。

由此可以看出，生活中，哪怕是一点点的猜疑，也可能让人失去最珍贵的东西。

猜疑就像是人性的一个顽疾，不易剔除，时时都蚕食着人们的心灵。猜疑的人往往对别人的一言一行都很敏感，喜欢分析深藏的动机和目的。而这种猜测往往缺乏事实根据，只是根据自己的主观臆断毫无逻辑地去推测、怀疑别人的言行。

每个人都有过被误会的经历，关键是我们要有消除误会的能力与办法，如果误会不能尽快解除，就会发展为猜疑，猜疑不能及时解除，就可能导致不幸。所以如果可能的话，最好同你"怀疑"的对象开诚布公地谈一谈，以便弄清真相，解除误会。当我们心中产生疑虑之后，最好的方式就是先冷静地思索，如果冷静思索之后疑惑依然存在，那就该通过适当方式，同被怀疑的人进行推心置腹的交谈。若是误会，就可以及时消除；若是看法不同，通过谈心，了解对方的想法，可以找到一个解决问题的办法；若真的证实了猜疑并非无端，那么，心平气和地讨论，也有可能使事情解决在冲突发生之前。

摒弃猜疑，求得彼此之间的了解沟通、相互信任，只有这样，才能消除隔阂，解除误会，获得最大限度的谅解。——这，就是破解"巫术"的不二法门。

高敏感型人格的人，容易受伤

不知道你是否曾有这样的体会：当几个同学聚在一块儿悄悄说话时，你会觉得他们正在讲你的坏话；你告诉朋友一个秘密后，你会不停地想他是否会讲给别人听；老师在课堂上说了班上发生的不好现象，你会怀疑是不是针对自己说的；一位同学近来对你的态度冷淡了一些，你会觉得他可能对你有了看法……如果你有这些情况，那么可以说你有较强的敏感心理。

过于敏感的心理，一点儿微小的刺激就可能会引起他严重的不安，比如一句平常的话、一个平常的小动作、一个平常的眼神等。

敏感的人当感到自己受到伤害的时候，心中便升起极度委屈的情绪。比如在商场里，如果售货员用干巴巴的口吻说"没有你要的尺码"，你的心情立即就会变得很坏。或者朋友说了在你看来很难接受的话，你就会耿耿于怀，心里不舒服。他们的言语越是在你心里挥之不去，你就越感到无法释怀。而如果你感到身边的朋友欺骗了你，那情况就更糟了，你会一连好几个星期躲在家里医治心灵的创伤。其实你知道，应该从自我沉默中走出来，重新与朋友交流，否则很快你将失去这个朋友。

敏感的人生活在情感过于充沛的海洋里，敏感的神经随时都可以被调动起来，因为周围发生的一切都会在你的心里留下深深的痕迹。比如，电视新闻里一个话题沉重的报道会让你突然没有食欲；有一天，你目睹了一场车祸，你用了好几个月才缓过来。

27 岁的周小姐总是觉得自己的男朋友不够爱自己。

情人节，她的男朋友给她买了一套性感的睡衣，起初她很开心，可是转念一想，她觉得男朋友送自己这样的礼物一定是别有用心，她认为男朋友是在暗示她不够开放。

上个周末，周小姐刚做了一个新发型，一到家，男朋友就直夸她的新发型很漂亮。这么一句简单的话，又让周小姐多了心，她有些赌气地问男朋友："你什么意思啊，这么说来你是很不喜欢我以前的发型喽？那你怎么一直都不说，你是不是忍我很久了啊？"

男朋友本来好心的一句话，不料却引来周小姐一肚子的怨气，男朋友十分无奈。

过度敏感的人都有一种自贬自责的倾向，一个小小的挫折都往心里去，随即开始怀疑自己的全部。于是，所有外界的批评都是有道理的、应该的，一切都是自己的错，很快就变成了：我自己一无是处，太平庸了，是个傻瓜……其实，搞清楚敏感的根源之后，再遇到不愉快的事情，稍微进行一下自我反省就可以了，并不需要对自己进行全面检讨，继而全盘否定。过度敏感的人的弱点在于他们缺乏自信心，总是在寻找抱怨的理由。结果是，即使别人发自内心地赞扬也不足以让他们往好处去想。而这往往使他们的好心情变坏。

如果碰到让你伤心的事，一定要努力寻找一个"脱身"的办法，比如你可以向朋友倾诉。跟别人越多地交流，就越能从相对的角度看问题。原本认为很严重的事，其实并没有那么糟糕；原本天大的事，其实也很渺小。有了一次经历，下次就能够轻松地面对，要让自己从内心里接受正在发生的一切。

李博是公司职员。前不久，公司召开了一个部门会议，所有员工都参加了。

会议上，各个部门的经理都对各自的业务做了简单的汇报，李博所在的销售部业绩是最差的。等会议结束后，销售部又召开了一个小型会议，在这次会议上，经理不点名地批评了一些不好的现象，其实，也并没有说是针对谁，可李博总认为是对着自己来的。

在以后的几天里，李博是饭也吃不好，觉也睡不好，翻来覆去地想，结果闹得身心疲惫。其实，原本就没有什么事情，是李博太过敏感，给自己造成了不必要的困扰。

李博的这种经历，许多人也曾有过。这在心理学上称为"神经质"。虽然它不是什么大毛病，但这种过于敏感常给人带来不愉快的情绪，甚至烦恼。

"神经质"常产生于性格内向、心胸不够宽广者，他们总爱想当然地去看待周围的人和事，结果心里总有难解的一团乱麻；也有的人是因为追求成功的愿望太迫切，致使对人对事都很敏感，过分看重别人对自己的评价，往往将一些鸡毛蒜皮的小事存在心里，患得患失，斤斤计较。应该说，过于敏感是一种不良的心理，如不加以克服，不仅会影响工作、学习，还会影响身心健康，造成人际关系紧张。

所以，为了不让敏感心理影响心情，过度敏感的人要学会自我赞美，要培养一种积极的思维，对身边的事物以善意的眼光看待，心情就会一直灿烂无比。

信任助你赢得成功

在我们的人际交往中，信任是一项彼此的无字约定，也是一种具有约束力的心灵契约，比任何法律条文都具有更强的约束力，更是赢得人生成功的重要法宝。一个人如果获得了别人的信任，要比拥有千万财富更足以自豪。

而与信任相对的就是猜疑。

你知道吗？其实，螃蟹在陆地上也是可以生存的，只不过离开水的时间不能太久。它们必须不断地吐泡泡来弄湿自己和伙伴。一只螃蟹吐的泡泡是不太可能把自己完全包裹起来的，但是如果有几只螃蟹一起吐泡泡的话，就可以连接起来，形成一个大的泡泡团，它们就共同拥有了一个富含水分能够容纳自己的生存空间。

同样是这几只螃蟹，如果把它们放在水桶里的话，情况就不一样了。当一只螃蟹困在水桶中的时候，它会想方设法用爪子钩住桶的边缘，在乘人不备的时候逃走。但是，如果几只螃蟹都在水桶里的话，却常常一只也逃不走。因为一旦有一只螃蟹靠近桶边的话，其他的螃蟹就会以为这只螃蟹想要独自逃生，这时其他的螃蟹一定会用爪子把靠近桶边的螃蟹扯下来，以阻挠它成功。

因此，有人把螃蟹的这种行为喻作人类的劣根性，这里所说的劣根性也就是人类的猜疑心态。现实生活中这种人并不少见，他们看不得别人比自己好，自己实现不了的事也会拼命破坏不让别人去实现。反过来想，如果螃蟹之间可以做到彼此信任，或许，它们都可以摆脱困境。

公元前 4 世纪，在意大利，有一个名叫皮斯阿司的年轻人触犯了国王。皮斯阿司被判绞刑，在某个法定的日子要被处死。

皮斯阿司是个孝子，在临死之前，他希望能与远在百里之外的母亲见最后一面，以表达他对母亲的歉意，因为他不能为母亲养老送终了。他的这一请求被告知了国王。

国王感其诚孝，决定让皮斯阿司回家与母亲相见，但条件是皮斯阿司必须找一个人来替他坐牢。这是一个看似简单其实近乎不可能实现的条件。有谁肯冒着被杀头的危险替别人坐牢，这岂不是自寻死路。但，茫茫人海，有人不怕死，而且真的替别人坐牢，他就是皮斯阿司的朋友达蒙。

达蒙住进牢房以后，皮斯阿司回家与母亲诀别。人们都静静地看着事态的发展。日子如水，皮斯阿司一去不回头。眼看刑期在即，人们一时间议论纷纷，都说达蒙上了皮斯阿司的当。

行刑日是个雨天，当达蒙被押赴刑场之时，围观的人都在笑他的愚蠢，那真叫愚不可及，幸灾乐祸的大有人在。但刑车上的达蒙，不但面无惧色，反而有一种慷慨赴死的豪情。

追魂炮被点燃了，绞索也已经挂在达蒙的脖子上。有胆小的人吓得紧闭了双眼，他们在内心深处为达蒙深深地惋惜，并痛恨那个利用朋友的小人皮斯阿司。

但是，就在这千钧一发之际，在淋漓的风雨中，皮斯阿司飞奔而来，他高喊着："我回来了！我回来了！"

这真是人世间最感人的一幕，大多数人都以为自己在梦中，但事实不容怀疑。这个消息宛如长了翅膀，很快便传到了国王的耳中。国王闻听此言，也以为这是痴人说梦。

国王亲自赶到刑场，他要亲眼看一看自己优秀的子民。最终，国王万分喜悦地为皮斯阿司松了绑，并亲口赦免了他的罪。

人生在世也就几十年，我们有很多有意义的事情要去做，把太多的时间花在钩心斗角上会很累，也不值得。在这个世界上，每件事情都有正反两面，有付出自然有索取，有真诚必然有虚伪。意识到这一点，有助于我们更完整地看待友谊，更全面地看待世界，如此我们就不会为没有得到回报而耿耿于怀。

永远做一个真诚的人，因为给予朋友是一件高兴的事情，只有自己富有才能给予别人。希望有所收获的付出便不再纯洁，因为它把友谊变成了交易。懂得付出的人是真正拥有财富的人，只要他能帮助朋友，只要还有朋友需要他的帮助，那么，他就是一个真正富有的人。

生活在这个世界，没有任何人会长期和一个"多疑"的人打交道，即便是再善良。就如故事中的达蒙和皮斯阿司一样，信任可以给彼此一种奇迹般的力量，这种力量可以穿过死亡。因此，经常怀疑一切的人，是永远得不到信任的人。深刻地理解信任，放心地将你的友情毫不吝啬地拿出来，你就会在快乐的世界里建造一座人生的金字塔。

如何摆脱猜疑的魔掌

猜疑就像心中的一颗毒瘤，随时将毒素扩散到人的血液中。猜疑是破坏团结的祸根，是化友为敌的障眼帘。猜疑时时啃噬着人的心灵，使人坐卧不安，丧失理智，失去朋友和快乐而不自省。朋友之间难免会有彼此误解的时候，最好的方式是不要猜忌对方，更不要伤害对方，不妨把误解栽成一盆友好的鲜花，也许花开时，你们已经和好如初。

信任是友谊的润滑剂，猜忌则是硌人的沙砾。要想让友谊长久地维持下去，我们需要养成信赖朋友的好习惯，而不是让猜疑伤害自己与友人的关系。

在人的头脑中，猜疑总是从某一假想目标开始，最后又回到假想目标，就像一个圆圈一样，越画越粗，越画越圆。通常，对环境、对他人、对自己缺乏信心的人喜欢猜疑。例如有些人在某些方面自认为不如别人，总以为别人在议论自己、看不起自己、算计自己。另外，自我防卫能力强的人也喜欢猜疑。他们或许曾在交往过程中轻信他人受骗，蒙受过巨大的精神损失和感情挫折，结果万念俱灰，不再相信任何人；或许处于防范意识，始终"提高警惕"。

无端猜疑和防范别人的结果，必将使自己也失去支持和帮助，这就等于自己堵住自己前进的道路。所以，为自己着想，我们要学会摆脱猜疑心理。要做到这点，除需要个人拓宽胸怀，增大对自己、对别人的信任度外，还需要敞开心扉，将心灵深处的猜测和疑虑公之于众，增加心灵的透明度，唯有此，才能求得彼此之间的沟通和了解，消除隔阂，获得最大限度的谅解。

生活中，我们常会碰到一些猜疑心很重的人，他们总觉得别人在背后说自己坏话，或给自己使坏。有时我们自己也会猜疑，看到别人说笑，便以为他们在议论自己，心里就不痛快起来。喜欢猜疑的人特别留意外界对自己的态度，别人脱口而出的一句话也会琢磨半天，努力找寻其中的"潜台词"。这种人心有疑惑，不愿公开，也少交心，整天闷闷不乐、郁郁寡欢。由于自我封闭，阻隔了外界信息的输入和人间真情的流露，便由怀疑别人发展到怀疑自己，失去信心，变得自卑、怯懦、消极、被动。

因此，我们迫切需要打开心灵的窗户，这样心才能通达，心灵的视觉才会清晰，对于一些事情也能看得更透彻，如此再来了解"空"的道理，就能消化"有"的烦恼。

那么，我们如何才能打开心窗，远离猜疑呢？

1. 树立坦荡无私的心态

人们常说"做贼心虚"，就是说自己内心不坦荡就会猜疑他人；只有"心底无私"，才能"天地宽"，这样对他人及周围的事情才会看得比较自然。

2. 要能够摆脱错误思维方法的束缚

猜疑一般总是从某一假想目标开始，最后又回到假想目标。只有摆脱错误思维方法的束缚，扩展思路，走出"先入为主""按图索骥"的死胡同，才能促使猜疑之心在得不到自我证实和不能自圆其说的情况下自行消失。

3. 及时沟通，解除疑惑

世界上不被误会的人是没有的，关键是我们要尽量消除误会，如果误会得不到尽快解除，就会发展为猜疑。

4. 学会深藏不露

产生猜疑，你可以有所警惕，但不要表露于外。这样，当猜疑有道理时，你因为做好了准备而免受其害；当猜疑毫无道理时，就可以避免误会好人。

5. 学会自我安慰

一个人在生活中，听到有关自己的流言，与他人产生误会，没什么好大惊小怪的。在一些生活细节上不必斤斤计较，可以糊涂些，这样就可以避免自己烦恼。如果觉得别人怀疑自己，应当宽慰自己不必为别人的闲言碎语所纠缠，不要在意别人的议论，这样不仅解脱了自己，而且还取得了一次小小的精神胜利，产生的怀疑也烟消云散了。

猜疑心理于人于己都会产生负面影响，人生就如善变的天气，阴晴不定。这里既有莫测的苦，又有多彩的乐。从生到死，就像一场风吹过，走过春夏，走过秋冬，走过悲欢，走过聚散，走过红尘遗恨，走过世间恩情。希望朋友们能看得开、忍得过、放得下，拨开心头的疑云，摘下有色眼镜，将爱和信任撒向人间，还自己和他人一种好心境。

多疑只会让人活在不信任的痛苦里

多疑的人怀疑着一切，他们整日心神不宁，像是自己在和自己作困兽之斗，疲惫的永远是自己。

古代有两个弟兄，他们从小一起拜师学武术，当他们学成以后，师父就让他们两个去当兵报国杀敌。在去当兵的路上，两个人遇到一群来势汹汹的土匪，土匪将他们两个包围在一个洼地。情急之下，这两个人将背紧紧靠在一起，用利剑一次一次地阻挡土匪的进攻，最后杀出重围。在以后的战斗中，两个人始终背靠着背地在一起战斗。

有一次，两人到敌方属地刺探军情，不幸被敌兵发现，敌方的重兵将他们围在中间，却没有置他们于死地，目的是想从他们的口中得到一些重要的情报。结果两个人宁死不屈，奋力抵抗，都受了很重的伤，但他们始终竭力地拼杀，坚持着为背后的人阻挡刀剑。在他们快要坚持不住的时候，救兵终于赶到，两个人才得以幸存下来。

年过花甲后，两位老人返回故里。村子里经常有年轻人来问他们，他们是如何在战场上将敌人一次又一次击退的。两位老人先会心一笑，然后将衣服脱下来给这些年轻人看。他们发现两位老人的胸前全是伤疤，但他们的后背居然没有任何伤痕。一位老人解释道：战斗中我们彼此信任对方，只管应付前面的敌人，将后背托付给对方，因为后面有我最信任的人保护我。

两个弟兄因着背后有最信任的人，才逃脱凶杀中的灾难，所以，请放下你的多疑吧，并肩作战，不只是一种智慧的作战方式，更是一种人生的态度，一种敢于信任他人的勇气，一种难得的平和心态。

聪明的你听完这个故事，一定会明白怎样做路会越走越宽，有时候，我们缺的不是才学，也不是机遇，而是一颗信任别人的心。多疑有时看似很安全，在一定程度上它可以拒绝来自外界的危险，但是也拒绝了来自身边的安全。大鹏展翅时不会怀疑天空，鲲鱼遨游时也不会多疑海洋，而我们要想获得鲜花和掌声，也不应多疑身边的人。

不单是争取鲜花和掌声时，我们应该放下多疑的防卫层，其实，在面对生活中的各种事情时，我们都不应该多疑。领导和下属之间不能多疑，否则将是一损俱损；朋友之间不需要多疑，因为交出去的是真心，收回来的不会是假意；恋人、夫妻之间不能存在多疑，因为同床异梦带不来家的和睦、情的长久。

第九章

真正有本事的人，
早就戒掉了嫉妒

你在拿别人的优点折磨自己吗

弗朗西斯·培根说过："犹如毁掉麦子一样，嫉妒这恶魔总是在暗地里，悄悄地毁掉人间美好的东西！"

何谓嫉妒呢？心理学家认为，嫉妒是由别人胜过自己而引起抵触的情绪体验，是一种心理缺陷。黑格尔说："嫉妒乃平庸的情调对于卓越才能的反感。"

嫉妒有三个心理活动阶段：嫉羡——嫉优——嫉恨。这三个阶段都有嫉妒的成分，而且是从少到多。嫉羡中羡慕为主，嫉妒为辅；嫉优中嫉妒的成分增多，已经到了怕别人威胁自己的地步；嫉恨则把嫉妒之火烧到了难以消除的地步。这把嫉恨之火，没有燃向别人，而是炙烤着自己的心，使自己没有片刻宁静，于是便绞尽脑汁诋毁别人，这就使他形神两亏了。

一些人之所以嫉妒别人，一个重要的原因是自己不求上进，又怕别人超过自己，似乎别人成功了就意味着自己失败，最好大家都成矮子才显出自己高大。于是，"事修而谤兴，德高而毁来"；"怠者不能修，而忌者畏人修"；"我不学好，你也别学好，我当穷光蛋，你也得喝凉水"。嫉妒是一种十分有害的腐蚀剂，心怀嫉妒的人的骨子里充满了"怠"与"忌"，无论对己、对人都是十分有害的，正如荀子所说："士有妒友，则贤交不亲；君有妒臣，则贤人不至。"一个被嫉妒心支配的人，一定是胸无大志、目光短浅、不求上进；一个嫉妒成风的单位，一定是正气不旺、邪气盛行、先进不香、落后不臭。

嫉妒心是每个人都会有的心魔。亚里士多德的一个学生曾经这样问他：

"先生，请告诉我，为什么心怀嫉妒的人总是心情沮丧呢？"亚里士多德回答说："因为折磨他的不仅有他自身的挫折，还有别人的成功。"我们实在没有必要拿别人的强项来与自己的弱项相比较，这样做的结果除了让自我陷入一种低落的情绪外别无其他。

竞争固然激烈，生存固然艰难，但这些生活上的困难并不是促使嫉妒心泛滥的催化剂，成长过程中的我们其实应该懂得发现，懂得赞扬。倘若自己的胸怀变得宽广了，自然地就会发现别人身上的长处，这个时候适当地给予他人赞赏，不仅能够让受到夸奖的人快乐，自己的心情也会因他人的快乐而变得愉快。这样岂不双赢？

嫉妒是腐蚀剂，是落后药，是剧毒品。有嫉妒心的人如果不猛醒，前途不会美妙。如果想调适自我，把嫉妒变成竞争的动力，首先要把注意力轻移到自身的优势。当你嫉妒别人时，总是因为他在某些方面的优势深深地刺激了你，而你自己在这方面又恰恰处于劣势。这一差异正是产生嫉妒的刺激源。如果你能有意识地调节自己的注意中心，便会使原先失衡的心理获得一种新的平衡，这种平衡无疑会稳定你的情绪。所谓魔道由心而生，定期梳理和内省自己的心灵，才能确保不被心魔控制，不至于害人害己。

嫉妒的背后是缺乏自我价值的认同

嫉妒乃是一种被破坏的优越感，也可以称之为优越感被破坏后的心理反应。人只有在自己具有优越感并被别人超越时才会产生嫉妒，如果不具有优越感只会表现为自卑和羡慕，而不会有任何的嫉妒。

莎士比亚说："您要留心嫉妒啊，那是一个绿眼的妖魔！"嫉妒的人是可恨的，他们不能容忍别人的快乐与优秀，会用各种手段去破坏别人的幸福；嫉妒的人又是可怜的，他们自卑、阴暗，他们享受不到阳光的美好，体会不了人生的乐趣，而是生活在他们黑暗的世界里；嫉妒的人是可悲的，"心灵的疾病"会扩散到身体各处，引起身体上的不良反应，七病八疾不请自到，它是摧毁人性和健康的毒药。

一群魔鬼闲来无事，想看人类的笑话，就打赌说，谁能引诱得道高僧露出丑恶的一面，便能获得新的魔法。

魔鬼们一个个开始大显身手。

第一个魔鬼装扮成商人，要求高僧在寺院里铸一座自己的铜像，让来上香的人膜拜，而他能得到享用不尽的财宝。高僧义正词严地拒绝了魔鬼的要求。

接着，第二个魔鬼出场，他化身为婀娜多姿的妙龄少女，在夜黑风高的晚上潜入高僧的禅房，眼里充满期盼的神情，可还没等发嗲，就被高僧轰了出去，魔鬼气急败坏。

第三个魔鬼可没前两个那么好心，他用最恶毒的方式折磨高僧，把高僧身上的肉一片一片割去。但高僧眼睛眨也没眨一下，魔鬼无功而返。

魔王听说这个有趣的游戏后，便也参与进来。他化装成一个普通人，来到高僧的旁边，轻轻说了句："你的同门师弟已经当上大住持，你听说没有？"

霎时，高僧庄严的面容变得狰狞恐怖，胜过所有看笑话的魔鬼。

这是个耐人寻味的故事，我们不能不佩服魔王的高深，因为他明白，在高僧道行深厚的背后，隐藏着一颗极度自卑的心，因此产生嫉妒。他一直活在师弟的阴影中，备受折磨，或许，师弟并没有像他想象的那样优秀，只是他不相信自己。

从本质上说，嫉妒是看到与自己有相同目标和志向的人取得成就而产生的一种不恰当的不适应感，是一种承认自己被别人挫败后的反应，也是一种对自我价值缺乏认同的表现。由于羡慕较高水平的生活，想得到较高的地位，或者想获得较贵重的东西，自己没得到别人却得到了，因此产生一种病态心理。

可是，许多人忘记思考，为什么别人能得到而自己不能？是不是自己不够好？既然如此嫉妒，是不是承认自己技不如人，是不是一种赤裸裸的自卑？

自卑和嫉妒好比一对孪生兄弟，因为觉得比不上他人，所以产生自卑，可又不愿意承认别人比自己好，嫉妒心理由此就产生了。然而，嫉妒并不等同于自卑，它比自卑更为恐怖，因为它可以使一个人迷失心智。

当然，自卑的人之所以嫉妒，无非是也想让自己变得更好。既然这样，当看到自己与别人的差距时，就应该奋勇向前，而不是看着别人眼红而妒火中烧。自己比别人差，想要比别人强，那就不能毁灭、扼杀别人，提高自身的价值与素养才最重要。

英国诗人约翰·德莱顿称嫉妒是"心灵的疾病"。如果嫉妒妨碍你，造成情绪上的停滞，你就应该制定目标，找到适合自己的方法，剔除这种浪费精神、有害无利的病态心理。

那么，面对自己的嫉妒心理该怎样去克服呢？不妨试试以下的方法。

多从他人的立场思考问题

陶铸先生有一句名言："心底无私天地宽。"对他人产生嫉妒心理就是因为把自己和别人对立起来，没有摆正自己和他人的位置。如果将心比心，替别人想一想，从情感的体验上加以抑制，我们的心就会善良起来，许多杂念、邪念、恶念就会离我们而去。

用快乐驱走嫉妒的阴云

快乐之药可以治疗嫉妒，是说要善于从生活中寻找快乐，正像嫉妒者随时随处为自己寻找痛苦一样。如果一个人总是想：比起别人可能得到的欢乐来，我的那一点快乐算得了什么呢？那么他就会永远陷于痛苦之中，陷于嫉妒之中。快乐是一种情绪心理，嫉妒也是一种情绪心理。哪种情绪心理占据主导地位，主要取决于你。

适当发泄，不让嫉妒郁结于心

嫉妒心理也是一种痛苦的心理，当还没有发展到严重程度时，用各种情感的宣泄来舒缓一下是相当必要的。

在这种发泄还仅仅是处于出气解恨阶段时，最好能找一个较知心的朋友，痛痛快快地说个够，暂求心理的平衡。如此，虽不能从根本上克服嫉妒心理，却能阻止这种发泄性朝着更深的程度发展。如有一定的爱好，则可借助各种业余爱好来宣泄和疏导，如唱歌、跳舞、画画、下棋、旅游，等等。

尖酸刻薄只会让更多的人排斥你

心怀嫉妒的人有一个很明显的表现就是说话尖酸刻薄。他们老是见不得别人好，一看到别人超过自己，就用尖刻的语言挖苦别人。实际上，一个人越尖酸刻薄，得到的越是别人的排斥。

与人为善就包括言出友善。要知道，尖酸刻薄的语言在伤害别人的同时也伤害到了自己。

佛陀在祇园精舍的时候，六群比丘吵起架来，并且举出十点嘲骂那些正直的比丘。佛陀知道此事后，便召集六群比丘来开示道："过去，犍陀罗王在得叉尸罗城治国的时候，有一头母牛生下一只小牛。有一个婆罗门就从养牛人家讨得那只小牛，并为它取名叫欢喜满。婆罗门把小牛放在儿女的住处，每天精心喂养它，很爱护它。

"过了几个月，小牛长大了。它想：'这婆罗门曾费了许多心血来养我，现在我是全阎浮提牵引力最大的牛，正好让我来显一次本领，报答他养育

我的恩情吧。'

"有一天，欢喜满对婆罗门说道：'婆罗门！请你到养牛的长者家，告诉他们你所养的雄牛能拖一百辆货车。你就以千金跟他打赌吧！'

"婆罗门就到那长者的家里，问长者道：'这城中谁养的牛最有力？'

"长者先举别家的牛来回答，最后说：'全城中没有一头牛能及得上我所养的。'

"'我也有一只牛，能拖一百辆货车。'婆罗门道。

"'哪里有这样的牛？'长者不相信。

"'我家里就有。'婆罗门得意地回答道。

"长者不服气，便以千金和他打赌。

"婆罗门带着长者回来后，便在百辆车中装满沙石，顺次排列，用绳子前后连接起来，为欢喜满洗浴，喂它香饭，颈部用华鬘装饰起来，套上第一辆车的车辄。婆罗门坐上车，举起皮鞭叱道：'走呀！欺瞒者！拉呀！欺瞒者！'

"这时，牛听到这话，觉得自己并非欺瞒者，为何今天受这种称呼？它不知所以，四只脚就如柱子般立着不动。长者看到这情形，就叫婆罗门交出千金。

"婆罗门损失了千金，解下牛，回到家里忧郁地卧着。欢喜满走回来，看见婆罗门忧郁地卧在那里，便走近问他道：'婆罗门啊！你为什么躺在这里呢？'

"婆罗门很不高兴地回答道：'千金输去了，还能睡觉吗？'

"'婆罗门！我在你家这么久，曾经踏破或打碎过碗没有？曾经在别处撒过粪尿没有？'

"'都没有。'婆罗门忙否定道。

"'那么，你为什么要叫我欺瞒者呢？'欢喜满问道，'你这样称呼我，

是你自己的错而不是我的错。现在你可以再去和那长者赌两千金，但这次你可不要再叫我欺瞒者呀！'

"婆罗门听了牛的话，再去和那长者相约打赌两千金。

"依照上回的方法，把百辆货车前后连接起来，并将欢喜满装饰好的颈部套上第一辆车子的车辄。婆罗门坐在车上，用手轻轻地拍着牛背说道：'贤者啊！前进呀！贤者啊！往前拉吧！'果然，欢喜满把连接着的百辆货车拉着前行，很快到达了目的地。

"专门养牛的那位长者只好拿出两千金来，其他的人看到这情形也都拿出很多钱来赏赐欢喜满。婆罗门因为欢喜满的帮助，终于得到了许多财物。

"比丘们啊！恶语是谁也不喜欢的，就是畜生也不欢喜。"

佛陀斥责六群比丘以后，就制定戒律，指示弟子们应该说柔软语、真实语、慈悲语、爱语，不可说恶语，因为恶语不仅伤害别人，更伤害自己。

俗话说，良言一句三冬暖，恶语伤人六月寒。做人万不能刀子嘴豆腐心，心地再好，尖酸刻薄的话一出口，也会在人心头割出血淋淋的伤口来。这样的人，谁会乐意亲近呢？

说话的最高境界其实就是"说好话"，不是曲意奉承，不是马屁狗腿，而是诚恳讨论、热心关怀，用最温暖的语汇，表达最真挚的心意，如此而已。

弘一法师无论在俗还是出家，都很注重口德。弘一法师在俗做教师时，曾经发生过一件有趣的小事，让当年的学生们难以忘怀：

"我们是师范生，每人都要学弹琴。上弹琴课时，十数人为一组，环立在琴旁，看李先生范奏。有一次正在范奏的时候，有一个同学放了一个屁，没有声音，却很是臭。同学大都掩鼻或发出讨厌的声音。李先生眉头一皱，径自弹琴（我想他一定屏息着）。弹到后来，气味散光了，他的眉头方才舒展。教完以后，下课铃响了。李先生立起来一鞠躬，表示散课。散课以后，同学还未出门，李先生又郑重地宣告：大家等一等去，还有一句话。大家又肃立了。李先生又用很轻而严肃的声音和气地说：以后放屁，到门外去，不要放在室内。接着又一鞠躬，表示叫我们出去。同学都忍着笑，一出门来，大家快跑，跑到远处去大笑一顿。"

在学生们眼中，这位李老师是"温而厉"的，他不会因为学生犯错误就大声斥责，亦不会对此不闻不问。他会严肃而和气地指出同学哪里做得不好，既达到了教育的目的，还不会伤到学生的自尊心。这样的老师，谁会不尊敬爱戴呢？

嫉妒是痛苦的制造者

在社会中，嫉妒常常带有明显的敌意，甚至会产生攻击、诋毁他人的行为，不但危害他人，给人际关系造成极大的障碍，最终还会摧毁自身。嫉妒所带来的后果是严重的，它阻断了人与人之间的正常交流，更不用提合作共赢了，连沟通都成问题。

对于嫉妒心，星云大师形象地比喻道："人的嫉妒心像一把双刃的刀，你举起它时，虽满足了伤害别人的目的，但也使得自己鲜血淋漓。"确实，嫉妒是损人不利己的双输行为，它是痛苦的制造者，在各种心理问题中是对人伤害最严重的，可称得上是心灵上的恶性肿瘤。如果一个人缺乏正确的竞争心理，只关心别人的成绩，同时内心产生严重的怨恨，嫉妒他人，时间一久，心中的压抑聚集，就会形成心理问题，对健康也会造成极大的危害。

当我们还是孩子时，就会因父母表现出的对其他兄弟姐妹的偏心而心生不快，我们会因他们比自己多吃了一口蛋糕或新穿了一件衣服而生气甚至哭闹。虽然嫉妒是人普遍存在的也可以说是人天生的缺点，但我们绝不可因此而忽视它的危害性，特别是当嫉妒已经发展到很严重的地步时，内心产生的怨恨越积越多，时间久了就会形成心理问题，也会对健康造成极大的危害。

首先，嫉妒会对心理健康造成危害。泛化了的嫉妒是一种病态，表现为人格的偏离。这种病态的人格表现为极度的感觉过敏，思想、行动固执死板，坚持毫无根据的怀疑。对别人特别嫉妒，又非常羡慕；对自己过分关心，又无端夸大自己的重要性；把自己的错误或不慎产生的后果归咎于他人；不停地责备和怪罪于他人，却原谅自己；总是过高地要求他人，但从不信任别人的动机和意愿，认为别人心存不良，甚至认为别人对自己要阴谋。很显然，这种人格是偏离常态的。这种具有病态的嫉妒的人格偏离往往会出现妄想症状，最后发展为偏执型精神病或精神分裂症。

其次，嫉妒会对个人发展造成明显的危害。由于人格偏离，常常不信任别人，好嫉妒，好归罪于他人。这必然会影响个体的人际关系和社会职能。从他人的角度看，如果一个人对他不信任，将失败全归罪于他，对他存有嫉妒心，他怎么能与这个人友好相处及合作呢？从个体自己的角度看，不信任别人、嫉妒他人，则不能与团队愉快合作。所以，面对自己的嫉妒心，我们要将它早早地摒除在自己的心灵之外，以积极的心态去面对别人的优点。

嫉妒实质上是用别人的成绩进行自我折磨，但别人并不因此有何受损，自己却因此痛苦不堪，有的甚至采取极端行为走向犯罪深渊。

防止嫉妒害人害己

嫉妒，是弱者的名字，是心肠歹毒的兄弟，是暗箭伤人的姐妹，是心灵扭曲的温床。嫉妒心往往会蒙蔽我们的双眼，使我们无法肯定自己的尊贵，同时也丧失了欣赏别人的能力。嫉妒也会使我们失去内在的双腿，在人间路上没有支柱，寸步难行。要明白，嫉妒是一把双刃刀，它在伤害别人的同时，也容易误伤自己。

有一个人养了一只山羊和一头驴子。因为驴子每天要干很多活，所以每到喂饲料的时候，主人就会给驴子多准备出一些食物。山羊发现驴子的食物每次都比自己的丰富，便心生嫉妒。为了一解心中的不平，山羊就想能有什么办法既可以让驴子吃到苦头，又可以报复主人的偏心。山羊想了许久，终于想出了一个自以为是的好办法。

一天主人不在家，山羊觉得时机到了，便对驴子说："你看主人待你多么刻薄啊！一会儿要你在磨坊磨麦子，一会儿又叫你运载重物，一刻都不让你闲着。"驴子听了觉得也是，不过它也没什么办法，便摇着头连连叹气。山羊看到驴子有些动摇了，又进一步对驴子说："我看你太可怜，好心教你一个办法。这样，你不妨假装突然生病，故意跌到沟里，那么你就有机会可以休息了。"驴子听了山羊的话，运载货物的时候故意跌到沟里，不想却受了重伤。主人请来兽医为驴子医治。兽医了解了驴子的病情之后，摇头说道："想要治好驴子，必须用山羊的肺敷在驴子的伤处，不然，这驴子就废了。"主人虽然十分不忍心，可一想到还有很多活需要驴子干，权衡之下，为了医好驴子，主人只好杀了山羊。

由此我们可以看出，嫉妒就像一个刽子手，它不仅会伤害他人，到最后自己也会被其害，它所带来的危害甚至是毁灭性的。

嫉妒犹如毒素，其毒让人走火入魔。培根说："嫉妒会使人得到短暂的快感，也能使不幸更辛酸。"

据研究者说，许多动物都有嫉妒的本性。例如一个杂技团驯兽员曾说，一只叫玛吉的小狗看到驯兽员接触一只叫奥拉的小狗较多时，玛吉竟然嫉妒地把奥拉咬死了。作家艾青说过："嫉妒是心灵上的肿瘤！一切嫉妒的火焰，总是从燃烧自己开始的。"的确，嫉妒别人是对自己的折磨，在打击别人的同时，也焚烧了自己。

虽然嫉妒之心普遍存在，但我们不能因这种普遍性而忽视它的危害，特别是当这种天生的缺点已经发展到很严重的地步时，那么人们内心所产生的怨恨就会越积越多，等到时间久了会形成一种心理问题，这会对健康造成极大的危害。而且，一个有着强烈嫉妒心的人会常常不信任别人，在嫉妒别人的同时往往喜欢归罪于他人。这种心理必然会影响自己的人际关系和社会职能。所以，面对嫉妒，我们要将它早早地搬出自己的心灵，要积极地面对别人的优点，而不是恶意地去伤害别人，这样的话自己也会得到相应的惩罚。

那么，到底是哪些人容易产生嫉妒心理呢？古人说："无德者必会嫉妒有德之人。"因为人的心灵如若不能从自身的优点中取得养料，那么就必定要找别人的缺点作为养料。容易嫉妒的人往往是自己没有优点，又看不得别人的优点，因此他只能用败坏别人幸福的办法来安慰自己，让自己得到短暂的快乐。当一个人自身缺乏某种美德的时候，他就一定会设法贬低别人的这种美德，以求实现两者的心理平衡。

还有那些虚荣心强的人，看到别人在某项事业中总是强过自己，他也会因此容易产生嫉妒心。最普遍的，比如：在职场上，部门同事之间当有人被提拔的时候，容易引起嫉妒，因为如果别人由于某种优秀表现而得到提拔，就等于映衬出了其他人在这方面的无能，从而就会刺伤他们的心。有的时候这类人可以允许陌生人的发迹，却往往不能容忍一个身边的人上升。

所以，做人应控制住自己的嫉妒心理，合理转移嫉妒情绪，学会包容，在对自己宽容的同时学会善待别人，学会与别人一起分享喜悦，这样的话人与人之间相处才会越来越和谐，生活才会越来越美满。

不要被嫉妒蒙住了眼睛

如果我们肯摘下挡住眼睛的黑色布条，勇敢地看清自己，欣赏别人，消除嫉妒的心理，那么，我们的人生就会更容易获得成功。

而事实也确实如此。

迈克尔·乔丹是驰名世界的篮球明星，他在篮球场上的高超技艺举世公认，而他待人处世方面的品格更为人称道。皮蓬是公牛队最有希望超越乔丹的新秀，但乔丹没有把队友当作自己最危险的对手而嫉妒，反而处处加以赞扬、鼓励。

为了使芝加哥公牛队连续夺取冠军，乔丹意识到必须推倒"乔丹偶像"，以证明公牛队不等于"乔丹队"，毕竟一人绝对胜不了五个人。一次，乔丹问皮蓬："咱俩三分球谁投得好？"

"你！"

"不，是你！"乔丹十分肯定地说道。

乔丹投三分球的成功率是 28.6%，而皮蓬是 26.4%，但乔丹对别人解释说："皮蓬投三分球动作规范。自然，在这方面他很有天赋，以后还会更好，而我投三分球还有许多弱点！"乔丹还告诉皮蓬，自己扣篮时多用右手，或习惯用左手帮一下，而皮蓬双手都行，用左手更好一些。这一细节连皮蓬自己都没有注意到。乔丹把比他小三岁的皮蓬视为亲兄弟，"每回看他打得好，我就特别高兴，反之则很难受。"乔丹的话语中流露出他们之间的情谊。

正是乔丹这种心底无私的慷慨，树立起了全体队员的信心并增强了凝聚力，公牛队取得了一场又一场胜利。1991 年 6 月，美国职业篮球联赛的决赛中，皮蓬独得 33 分，超越乔丹 3 分，成为公牛队这个时期的 17 场比赛中得分首次超过乔丹的球员。这是皮蓬的胜利，也是乔丹的胜利，更是公牛队的胜利。

伏尔泰说："凡缺乏才能和意志的人，最易产生嫉妒。"因为自己技不如人，就只能用嫉妒的心理去排解心中的不平。一旦任由嫉妒心理自由发展，你就会疏远那些各方面比自己强的人，到头来不仅孤立了自己，而且也会阻碍自己的前进。

倘若你已经努力了却仍无法达成你的目标，放弃这件事，再寻找其他可以让你快乐的事，或许可以让你成长。

无论如何，嫉妒别人不如努力去实现自己生命的价值，毕竟人不能靠嫉妒来推动生命，更不能因嫉妒而停止前行，但嫉妒却会使我们无法肯定自己的尊贵，同时也会丧失欣赏别人的能力。

欣赏他人，让嫉妒变成动力

"金无足赤，人无完人"，谁都会有自己的缺点。相反，"尺有所短，寸有所长"，每个人也都有自己的优点。我们只有能够欣赏别人，善于发现别人的优点，才能好好地利用这些优点为自己服务。

钢铁大王安德鲁·卡内基曾经亲自预先写好自己的墓志铭："长眠于此的人，懂得在他的事业过程中起用比他自己更优秀的人。"

大部分中国人都有一种特长，就是善于发现别人的优点，并能够吸引一批才识过人的良朋好友来合作，激发共同的力量。这是中国成功者最重要也是最宝贵的经验。

其实，嫉妒是人向往美好的天性使然，看到比自己优秀的人，自然会有羡慕和自怜的情绪。控制好这种情绪，我们就能将它转化为我们奋进的动力。

美国总统亨利·杜鲁门化嫉妒不满为进取的故事就是一个很好的例子。

查理·罗斯中学时由于品学兼优，得到全校最年轻、最有威信的教师布朗小姐的极高评价和期待。在毕业典礼上，布朗小姐出人意料地向他表示了个人的祝福——当众亲吻了查理。事后，许多男生表示不满，其中一个男孩由于强烈的嫉妒心，还当众指责布朗小姐偏心。查理毕业后由于在报界工作勤奋，成绩卓著，被亨利·杜鲁门总统任命为白宫负责出版事务的首席秘书。

而那个曾经因强烈的嫉妒心而指责布朗小姐的男孩，就是把嫉妒变成奋进的力量，最后成为美国总统的亨利·杜鲁门。

如何战胜嫉妒，学会欣赏他人呢？我们可从两个方面入手。

一方面我们要树立远大的理想和抱负，并坚持不懈地为之努力奋斗，使自己强大起来。不要为眼前的蝇头小利而患得患失，更不必花时间和精力去嫉妒他人的成功。当我们把心思用在不断提升自己，为理想奋斗时，自然无暇嫉妒别人，也不会有时间抱怨所得甚少了。

另一方面我们也要培养豁达的人生态度。尺有所短，寸有所长，别人虽然优秀，自己也非一无是处。再说，当今是合作共赢的社会，朋友优秀了，对自己不也是一件好事吗？虽然一时得不到想要的，但至少可以通过努力一步步地接近目标，即便最终失之交臂，毕竟也努力争取过了，无怨无悔。

此外，面对他人的成功，我们还应该做到以下两点：

1. 学会坦诚面对

培养豁达的人生态度，要有宽广的胸襟，将心比心、设身处地为别人着想。要知道，"天外有天，人外有人"。

2. 化嫉妒为动力

无论在何种环境中，每个人都要客观地认识自己。不要把比自己优秀的人当成假想敌，而要当成自己前进的动力。学会赞美别人，把别人的成就看作是对社会的贡献，而不是对自己权利的剥夺或地位的威胁。将别人的成功当成一道美丽的风景来欣赏，你在各方面将会达到一个更高的境界。

其实，对别人产生了嫉妒并不可怕，但是一定要能够正视嫉妒，以一颗宽容的心来对待别人。容易嫉妒的人不妨借嫉妒心理的强烈意识去奋发努力，升华这种嫉妒之情，学会把嫉妒转化为成功的动力，化消极为积极，这样的话自己也会开心起来。任何人都一样，如果你想在某项事业上获得巨大的成功，首要的条件是要有一种鉴别人才的眼光，能够识别出他人的优点，并善于利用他们的这些优点。

学会自医，远离嫉妒的辐射源

嫉妒者记恨别人，竭力贬低、败坏别人，对别人的进步和成就总是不屑一顾，看不到自己和别人之间的差距，不想奋力赶上。这样，自己与被嫉妒者之间必然拉开更大的距离，到头来自己只能是越来越落后。嫉妒人家，无非是怕人家比自己强。但是，怕也无济于事，嫉妒不能给自己增加什么好处，反而更加显示出自己的落后、狭隘。既然如此，何必嫉妒别人呢？

我们先来看一个故事：

我国医学专家谈家桢，曾在美国师从摩尔根教授，在他学成归国的前夕，摩尔根拍着他的肩膀说道："今天我很开心，我看到一个年轻的中国人超过了我，这让我深感欣慰。我还希望以后会有更多的年轻人超过我，也超过你。"回国后，谈家桢的脑海里总会浮现摩尔根教授对他说那番话时谦逊和真诚的神情，他也始终坚持着这样的信念：培养学生的目标是让他们超越自己。

后来，他有个学生在生物遗传研究方面取得了惊人成果，这位学生的论文发表后，受到遗传学家们的重视和好评。学术界的朋友们和谈家桢开玩笑说："你得加快脚步了，否则你的学生会超过你的。"谈家桢听了十分开心地回答说："这样好。如果学生始终停留在老师的水平上，那就是教育的失败。我的愿望就是要学生超过我，这就是我最大的骄傲。"也就是在这个学生的论文发表后不久，摩尔根教授给谈家桢寄来一封祝贺信，信上说："我终于又一次看到一个年轻的中国人超过了我，也超过了你。值得骄傲的是，你亲自培养了超过你的学生。"

能从他人的成功中获取到激励自己前进的动力，那就是一份豁达，反之，就是嫉妒。那么，要怎样才能消除嫉妒心理呢？从心理学角度来说，一个人的嫉妒心理并不是天生就有的，而是后天形成的。所以，我们可以通过自身的道德修养、自我控制、自我调节来修正。

1. 将压力变为动力

将不服气变为志气，使自己有一种竞争意识，促使自己努力向上。你比我好，我要比你更好。通过自强不息的努力超过别人，这本身就是一种积极的意识。相反，总是想自己不如别人，心怀嫉妒，并造成精神负担，对自己和他人都可能起到不好的作用。

2. 发现自己

要看到自己的长处，发现自己的价值，这是培养自尊心、消除自卑感和嫉妒心理的有效方法。

3. 换个角度看问题

不妨站在对方的立场上看问题。人人都希望得到他人的精神支持，所以当你对一个人产生嫉妒的时候，不妨大度地站在对方的立场上看问题，诚恳地赞扬他。

4. 培养洒脱的心态

嫉妒常常来自生活中某一方面的"缺乏"。你觉得嫉妒，也许是因为别人得到了你想要的工作或等待的机会，你害怕一旦失去它们，你的生活将跌至谷底。别人得到了你想要的东西，所以你嫉妒。总是有这种"缺乏感"会扰乱你的想法、感觉和生活。它会引起嫉妒这种强烈的负面情绪，让你被嫉妒纠缠，并不断强化这种情绪。

为了摆脱这种局限和破坏的心态，你可以让自己洒脱一点，告诉自己，新的机会随时都会有。洒脱的心态让你获得内在的情绪自由，并让你更放松更积极。当你知道这世上机会有很多时，便没什么好嫉妒的了。所以，每当你发现自己又被嫉妒纠缠上时，记得把焦点从"缺乏"转移到"丰富"上，你就能洒脱应对了。

5. 承认嫉妒

停止与嫉妒斗争，承认它，接受它。这也许听起来有点反常，但当你抵制一种情绪时，往往会给它更多的能量。相反，若你接受一种情绪，你便能随意地看待它，停止给它提供能量，最终这种情绪将会消失。方法如下：

（1）承认并跟着感觉走。认真体会你脑中的感觉，别去评判它是对是错。如果你跟着它走，并认真体会，一两分钟之后，它就消失了。

（2）你是它们的观察者，它们只是你生活的过客。不要把个人同自己的想法与感觉等同起来。你只需更自发地接受它们，然后等待它们离去。

（3）想想什么对你有益。问自己什么有益是个好方法，它能告诉你想法与行为间的差距，激励你丢掉一些无用的负担。

掌握这些自医的小方法，你就可以远离嫉妒的辐射源。